U0304441

行走的科学故事系列丛书

枪的成长简史

马式曾　江　山　袁　炜　著

科学普及出版社

·北　京·

图书在版编目（CIP）数据

枪的成长简史 / 马式曾，江山，袁炜著 . — 北京 : 科学普及出版社 , 2016.1（2019.7 重印）

（行走的科学故事系列丛书）

ISBN 978-7-110-09286-6

Ⅰ . ①枪… Ⅱ . ①马… ②江 … ③袁… Ⅲ . ①枪械—普及读物 Ⅳ . ① TJ2-49

中国版本图书馆 CIP 数据核字（2015）第 320012 号

策划编辑	许 慧 韩 颖	
责任编辑	李 红 刘赫铮	
装帧设计	中文天地	
责任校对	杨京华	
责任印制	李晓霖	

出 版	科学普及出版社
发 行	中国科学技术出版社有限公司发行部
地 址	北京市海淀区中关村南大街16号
邮 编	100081
发行电话	010-62173865
传 真	010-62179148
网 址	http://www.cspbooks.com.cn

开 本	787mm×1092mm 1/16
字 数	220千字
印 张	10.75
版 次	2017年1月第1版
印 次	2019年7月第2次印刷
印 刷	保定市正大印刷有限公司
书 号	ISBN 978-7-110-09286-6 / TJ·4
定 价	39.00元

丛书编辑委员会

名誉主编　刘嘉麒

执行主编　焦国力

副 主 编　肖　燕　杨　师

编　　委　（以姓氏笔画为序）

马式曾　王直华　刘嘉麒　杨　师　张　晶

陈晓东　赵金惠　黄振昊　焦国力　霞　子

参与策划单位

中国老科学技术工作者协会

甘肃省科技馆

内蒙古青少年科技中心

浙江温州市青少年科技中心

湖北黄石市科学技术馆

前言 PREFACE

　　枪械历史始于 1259 年，已有 750 多年，为了简洁本书仅以产量多且对战争历史影响大的军用枪为对象，对猎枪、运动枪等民用枪械忍痛割爱，没有收录。

　　本书依据前装枪的点火技术、后装枪的闭锁技术、自动枪械的装填技术以及各类枪械的性能完善进行了人性化的处理，勾画了枪械发展史；依据每种枪的性能传承和同一性能下的"心脏"机构传承，进行了每个枪种的遗传谱系分析；对每种枪的产生国家——籍贯进行了归纳；重点对最早出现的 46 种枪械之最进行了详解。第一、第二、第三章的文字叙述采用了标题式，以此作为阅读枪械历史性群书的向导，列出枪械的发展史纲。本书最好的阅读方式是以此为纲，查阅互联网，能够条理清楚地"有骨头有肉"地了解枪史奥妙。

　　书中所列枪名的规则是：国家名称位于首位，次位是正式定型列入该国军队装备的年号（如 M1900），三位是制造厂家名或发明人名，四位是枪的类别。国家未能列装的枪名，年号等列在厂家或发明人之后，不能与国家名连在一起。

　　书中收录的枪械研制者的国籍和枪械作为装备的归属国家名称以尊重历史为原则。例如 1917 年俄国"十月革命"后的 1922—1991 年定型的枪支，名为苏联 M19××；奥地利或匈牙利 1867—1918 年定型的枪支，名为奥匈帝国 M××××。

目录 CONTENTS

目录 CONTENTS

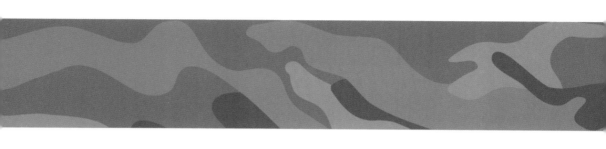

目录 CONTENTS

1

枪的成长史

001 枪的胎儿期（1259–1776 年）：点火技术引导了前装枪械发展 ▶▶

1259 年，枪的起源——中国出现突火枪。

1298 年，金属制造身管——火铳在中国出现。

1260 年，马达发（Mardafa）——传入阿拉伯的中国突火枪。

14 世纪，中国火铳西传——火门枪 / 炮、佛郎机在欧洲流行。

15 世纪，点火方式第一次升级——火绳枪在欧洲出现。

16 世纪初期，点火方式第二次升级（一）——簧轮燧石发火枪在德国出现。

16 世纪 20 年代，点火方式第二次升级（二）——燧发枪在德国出现。

17 世纪中叶，枪管内刻制螺旋膛线——线膛燧发枪在德国出现。

1776 年，最早弹头和火药散装的后装燧发枪——弗格森步枪在英国出现。

002 枪的新生儿期（1807–1871 年）：击发药、整装弹和枪机闭锁成就了非自动枪炮 ▶▶

1807 年，点火方式第三次升级的前奏——瓶装击发药（香水瓶）击发枪在英国首现。

1812 年，纸包分装弹的后装击发枪初探——英国约翰·曼顿击发枪试制。

1818 年，点火方式第三次升级——撞击发火件铜火帽在英国出现。

1819 年，机械化批量生产的后装燧发枪——美国 M1819 霍尔燧发枪出现。

1820–1870 年，火帽击发方式普及——右外侧击锤式击发前装 / 后装枪流行全世界。

1835 年，击锤与转轮联动的击发式转轮枪——美国柯尔特转轮手枪出现。

1836 年，金属壳底横针弹的霰枪——法国里福瑟横针弹霰枪出现。

1841 年，纸包整装弹、长击针点火、旋转后拉枪机的后装枪——德国 M1841 德莱塞步枪列装。

1845 年，底缘发火小威力枪弹、外击锤、前端摆动枪机的后装枪——法国福罗拜枪弹和枪出现。

1847 年，闭气的铅弹头——法国米尼哀弹头出现。

1848 年，纸包火药和弹头、外击锤外火帽、升降块式枪机的后装枪——美国夏普斯步枪出现。

1854 年，金属整装弹的后装转轮手枪——法国里福瑟转轮手枪出现。弹头弹壳一体弹、外击锤、管式弹仓枪——美国火山手枪出现。

1855 年，手枪的双动扳机出现——英国 M1855 博蒙特—亚当斯前装转轮手枪列装。

1856 年，折转式退壳装弹的后装转轮手枪——美国史密斯－韦森 No1 转轮手枪出现。

1857 年，光学瞄准开始配在步枪上——英国惠特沃斯步枪。

1860 年，底缘发火弹、外击锤、肘节式枪机的管式弹仓枪——美国 M1860 亨利 / 温彻斯特 M1866/M1873/M1876 步枪出现。

1862 年，底缘发火弹、外击锤、前端上摆式枪机的独子枪——美国皮博迪步枪出现。

底缘发火弹、外击锤、转块式枪机的管式弹仓枪——美国 M1862 斯潘塞步枪列装。

底缘发火弹、击针发火、手摇机械传动机枪——美国加特林机枪出现。

1863 年，底缘发火弹、外击锤、转块式枪机的独子枪——美国雷明顿步枪出现。

1865 年，底缘发火弹、外击锤、尾端前翻式枪机的独子枪——美国斯普林菲尔德步枪广泛使用。

1866 年，博克塞底火纸壳体枪弹、外击锤、左右翻转式枪机的独子枪——英国 M1866 恩菲尔德—斯奈德步枪出现。

中心底火纸壳体枪弹、内击针、旋转后拉枪机的独子枪——法国 M1866 夏斯波步枪投入装备。

1867 年，中心底火纸壳体枪弹、外击锤、转鼓式枪机的独子枪——奥地利 M1867 沃恩德尔独子步枪出现。

1868 年，底缘发火金属壳枪弹、双尖内击针、旋转后拉枪机的管式弹仓枪——瑞士 M1868 维特里步枪列装。

伯丹底火金属壳枪弹、内击针、尾端前翻式 / 旋转后拉式枪机的独子枪——俄罗斯伯丹 1 号 /2 号步枪列装。

1869 年，中心发火弹后装，并实现折转自动一起退壳的转轮枪——史密斯—韦森 No3/M3 单动转轮手枪推出。

1871 年，首次采用中心发火瓶颈枪弹、内击针、前端起落式枪机的独子枪——英国马蒂尼—亨利步枪列入装备。

1871 年，黑火药金属瓶颈弹、内击针、旋转后拉式枪机的独子枪——德国 M1871 毛瑟独子步枪列装。

003 **枪的婴儿期（1884-1944 年）：火药燃气成就了各类枪械的自动装填 ▶▶**

1884 年，黑火药枪弹、弹带、燃气自动枪械首现——英国马克沁机枪出现。

1886 年，黑火药枪弹、盒式弹仓、直拉式枪机的步枪首现——奥匈帝国

M1886 曼利夏步枪列装。

1886 年，首次使用无烟药枪弹、管式弹仓、旋转直拉枪机的步枪——法国 M1886 勒贝尔步枪定型。

1887 年，无烟药枪弹、首个中口径重机枪——英国 M1887 维克斯—马克沁机枪。

1888 年，无烟药常规弹、盒式弹仓、旋转直拉枪机（机体前端突笋闭锁）的步枪——德国 M1888 委员会步枪列入装备。

弹匣出现、旋转后拉枪机（机体后端突笋闭锁）的步枪——英国 MLM Mk Ⅰ 李氏步枪列装。

1889 年，横向盒式弹仓、旋转后拉枪机（闭锁突笋在前端）的步枪——丹麦 M1889g 拉格—约根森步枪列装。

1891 年，盒式弹仓、旋转后拉枪机（中间件迫使机头转动）的步枪——俄罗斯 M1891 莫辛纳甘步枪定型。

1892 年，侧摆式弹巢装填的转轮手枪——法国 M1892 转轮手枪出现。

1893 年，首支枪管后坐式自动手枪问世——德国博查特手枪批量出厂。

1895 年，首个导气式机枪——美国海军 M1895 柯尔特机枪列装。

1897 年，管式弹仓的泵动式霰枪——美国温彻斯特 M1897 霰枪上市。

1898 年，德国 M1888 步枪升级的弹仓步枪——德国 M1898 步枪定型列装。

1900 年，第一支自由枪机式自动手枪——比利时 M1900 FN 手枪列装。

1902 年，首挺轻机枪——丹麦麦德森轻机枪列装。

1907 年，枪管旋转闭锁的枪管后坐式自动手枪——奥匈帝国 M1907 罗斯—斯太尔手枪列装。

1908 年，急迫列装的半自动步枪——墨西哥 M1908 步枪定型。

首支加上消声器的枪——美国马克沁消声筒出现。

1911 年，枪管尾端摆动闭锁的枪管后坐式自动手枪——美国 M1911 柯尔特手枪列装。

1914 年，首支采用快慢机的枪（非强制闭锁的枪管后坐式机枪）——意大利 M1914 菲亚特—列维利机枪出现。

1915 年，首次登上飞机射击的机枪——英国 MKI 路易斯航空机枪出现。

首次出现的冲锋枪（半自由枪机）——意大利 M1915 冲锋枪投入使用。

1917 年，首支全自动步枪——美国 M1918 勃朗宁自动步枪定型。

1918 年，固定托（自由枪机式）冲锋枪——德国 MP18 Ⅰ 冲锋枪列装。

首次出现反坦克枪——德国 M1918 T–Gew13.2mm 步枪。

1921 年，首现的单手装填的自动手枪——德国列格奴塞手枪生产。

第一挺实用的大口径机枪——美国 M1921/M2 机枪列装。

1928 年，首次加快慢机的手枪——西班牙阿斯特拉 901/902/903 型、皇家 Ⅱ 型 /MM31 冲锋手枪登场。

1929 年，首支双动且又具动感的自动手枪——德国 PP 手枪列装。

1932 年，首个高射速航空机枪——苏联 ShKAS 航空机枪定型。

1934 年，轻重两用机枪开张——德国 MG34 机枪定型。

1936 年，成功的第一支半自动步枪——美国 M1 加兰德步枪定型。

开启非回转闭锁的半自动步枪——苏联 AVS36 西蒙诺夫半自动步枪定型。

1938 年，首次采用折叠枪托的抵肩射击枪——德国 MP38 冲锋枪列装。

卡铁闭锁的枪管后坐式自动手枪——德国 P38 手枪列装。

1942 年，首个大量采用冲压件的机枪——德国 M42 通用机枪列装。

1944 年，步枪冲锋枪杂交的新型步兵战斗用枪——德国 StG44 突击步枪列装。

004 枪的幼儿期（1947-2009 年）：枪械性能走向完善与提高 ▶▶

1947 年，成熟的突击步枪——苏联 AK47 步枪定型列装。

1956 年，加特林机枪现代版——美国 M61 火神机枪（炮）列装。

1959 年，首个班用枪族——苏联 AKM 步枪、AKM–RPK 枪族列装。

1962 年，首个小口径步枪——美国 M16 步枪定型列装。

1963 年，专用半自动狙击步枪——苏联 SVD 步枪列装。

1960 年代，高精度旋转后拉枪机式狙击步枪开始了精雕细刻的发展。

1963 年，空枪重小于 2kg，仍以抵肩使用为主的冲锋枪——波兰 PM63 微型冲锋枪列装。

1968 年，步枪下挂榴弹发射器——美国 M203 枪挂榴弹发射器出现。

机枪式榴弹发射器——美国 MK19 自动榴弹发射器列装。

1971 年，长箭形弹头枪弹、四管水下非自动枪——苏联 SPP-1 水下手枪定型。

1972 年，长箭形弹头枪弹、常规结构的水下自动枪——苏联 APS 水下步枪定型。

1974 年，首次小口径可换枪管的轻机枪——比利时米尼米机枪出现。

1977 年，首次大量使用塑料的无托结构步枪——法军 MAS 步枪列装。

首次常态使用瞄准镜的无托步枪——奥地利军队列装 AUG 步枪。

1980 年，塑料握把座的自动手枪出现——奥地利 M80/ 格洛克 17 手枪列装。

1982 年，反坦克枪精度提高成为反器材枪——美国 M82 大口径狙击步枪出现。

1983 年，枪弹自闭气的微声枪——苏联 PSS 微声手枪投产。

1990 年，小口径化的冲锋枪——比利时 P90 单兵自卫武器出现。

1998 年、2000 年，结构雷同原理径庭的中国 92 式手枪。

2005 年，同形枪弹的水下陆上通用枪——俄罗斯 ADS 水陆两栖枪出现。

2006 年，霰枪加挂到步枪——美国 M26 附件式模块霰枪步入班组装备。

2
枪的家族遗传谱系分析

枪的家族遗传谱系指的是每种枪的性能传承，在同一性能下的"心脏"机构的传承。性能指的是枪弹装入枪膛的方式、手动还是自动、发射速度和操控便捷性；"心脏"机构指的是关闭枪膛的闭锁机构和主体架构。

 瘦高个子成员：步枪

非自动步枪　　　　　　　　　　　　>>>

● **前装阶段**

突火枪（1259 年）。

火铳（1298 年）。

火绳枪（15 世纪）。

燧发枪（16 世纪）

英国布朗·贝斯燧发枪（前装、滑膛、打火）。

18 世纪后半期，德国布伦斯威克燧发枪（前装、滑膛、打火）。

英国贝克燧发步枪（前装、线膛、打火）（1802 年）

美国克利尔燧发转轮手枪（前装、线膛、打火）（1818 年）。

击发枪（1807 年）。

英国"香水瓶"步枪（前装、线膛、击发）。

英国 M1842 布伦士威克步枪（前装、线膛、火帽击发）。

英国 M1853 恩菲尔德步枪（前装、线膛、火帽击发）。

美国 M1855 步枪（前装、线膛、条带火帽击发）。

美国 M1858 步枪（海军用，前装、线膛、铜盂火帽击发）。

美国 M1863 步枪（前装、线膛、铜盂火帽击发）。

法国鼻烟壶步枪（线膛、前装改侧翻枪机后装、铜盂火帽击发）。

● **后装阶段**

独子枪：

散装药、横向螺塞式枪机的燧发枪——英国弗格森步枪（后装、线膛）

（1776 年）。

弹丸纸包黑火药和纸包击发药、枪管折转闭膛的后装枪——英国约翰·

曼顿手枪（线膛、击发）（1812 年）。

美国 M1819 霍尔燧发枪（后装、线膛、燧发）美国 M1836 霍尔击发枪（后装、线膛、击发）。

纸包整装弹、长击针点火、旋转后拉枪机的后装枪——德国 M1841 德莱塞步枪（1841 年）。

纸包火药和弹头、外击锤、条带火帽、升降块式枪机的后装枪——美国夏普斯步枪（1848 年）。

美国伯恩塞德后装枪（铜皮锥弹头和药、外侧火帽击发、前端摆动式枪机）（1856 年）。

美国梅纳德后装枪（有底部中心孔的铜弹壳、外击锤打击游离火帽、枪管折转闭锁）（1859 年）。

底缘发火弹、外击锤、前端上摆式枪机的独子枪——美国皮博迪步枪（1862 年）。

底缘发火弹、外击锤、转块式枪机的独子枪——美国雷明顿步枪（1863 年）。

底缘发火弹、外击锤、尾端前翻式枪机的独子枪——美国斯普林菲尔德（1865 年）。

博克塞底火纸壳体枪弹、外击锤、左右翻转式枪机的独子枪——英国 M1866 恩菲尔德—斯奈德步枪（1866 年）。

中心底火纸壳体枪弹、内击针、旋转后拉枪机的独子枪——法国 M1866 夏斯波步枪投入装备（1866 年）。

奥地利 M1867 沃恩德尔步枪。

伯丹底火金属壳枪弹、内击针、尾端前翻式 / 旋转后拉式枪机的独子枪——俄罗斯伯丹 1 号 /2 号步枪列装（1868 年）。

首次采用中心发火瓶颈枪弹、内击针、前端起落式枪机的独子枪——英国马蒂尼—亨利步枪列入装备（1871 年）。

黑火药金属瓶颈弹、内击针、旋转后拉式枪机的独子枪——德国 M1871 毛瑟独子步枪列装（1871 年）。

意大利 M1871 维特里独子步枪。

管式弹仓枪：

弹头弹壳一体化枪弹、肘节式枪机、管式弹仓枪——美国火山枪出现（1854 年）。

底缘发火弹、肘节式枪机、管式弹仓枪——美国 M1860 亨利 / 温彻斯特 M1866/M1873/M1876 步枪（1860 年）。

底缘发火枪弹、转块式枪机的管式弹仓枪——美国斯潘塞步枪（1862 年）。

1868 年，底缘发火金属壳枪弹、双尖内击针、旋转后拉枪机的管式弹仓枪——瑞士 M1868 维特里步枪。

法国海军 M1878g 罗巴查克步枪（中心发火弹）德国 M1871/84 步枪（中心发火弹）。

土耳其 M1887 毛瑟 11mm 步枪（中心发火弹）。

无烟药中心发火弹、旋转直拉枪机的管式弹仓枪——法国 M1886 勒贝尔步枪（1886 年）。

盒式弹仓 / 弹匣枪：

黑火药、盒式弹仓——奥匈帝国 M1886 曼利夏步枪（1886 年）。

奥匈 M1888 步枪。

奥匈曼利夏 M1888/90 步枪→ M1895 斯太尔—曼利夏步枪。

法国 M1916 勃赫提耶步枪。

压缩黑火药、盒式弹匣——英国 MLM MkI（1888）李氏步枪（1888 年）。

无烟药、盒式弹仓（机体前突笋旋转后拉闭锁）——德国 M1888 委员会步枪（1888 年）。

意大利 M1891 曼利夏—卡尔卡诺步枪。

中国汉造七九（1893）步枪。

西班牙 M1893 毛瑟步枪。

日本三十年式（1897）步枪。

意大利 M1938 曼利夏—卡尔卡诺步枪。

无烟药、弹匣（机体后突笋旋转后拉闭锁）——英国 MLM　MkI 李氏步枪（1888 年）。

英国 MLM Mk Ⅰ * 李氏步枪（1891 年）。

英国 MLM　MkII 李氏步枪（1893 年）。

英国 LMC MkI 李—梅特福德步枪（1894 年）。

英国 MLE MkI 李—恩菲尔德步枪（1895 年）。

英国 LEC MkI 李—恩菲尔德步枪（1896 年）。

英国 SMLE 李—恩菲尔德短步枪（1903 年）。

英国 MLE/No1 李—恩菲尔德步枪（1903 年）。

英国 No2/ 李—恩菲尔德步枪（1926 年）。

英国 No4 李—恩菲尔德步枪（1939 年）。

英国 No5 李—恩菲尔德步枪（1944 年）。

横向盒式弹仓（机体前突笋的旋转后拉闭锁机构）——丹麦 M1889g 拉格—约根森步枪（1889 年）。

美国 M1892、M1896 步枪。

挪威 M 1894 步枪。

盒式弹仓（机头突笋旋转后拉闭锁）——俄罗斯 M1891 莫辛纳甘步枪（1891 年）。

苏联 M1891/30 步枪。

苏联 M1938 骑枪。

苏联 M1944 步枪。

中国 1953 式步枪。

改进枪弹，完善旋转后拉闭锁机构——德国 M1898 步枪（1898 年）。

美国 M1903 步枪、M1903A1 步枪、M1903A3 步枪。

日本三八式步枪（1905）。

日本九九式步枪（1939）。

英国 No3MK Ⅰ 步枪、美国 M1917 步枪。

捷克 Vz24 步枪（1924 年）。

中国二四式步枪 7.92mm（1935 年）。

法国 M1936 步枪（1936 年）。

自动装填步枪

● **半自动步枪**

回转闭锁半自动步枪：

急迫列装的半自动步枪——墨西哥 M1908 步枪（1908 年）。

成功的第一支半自动步枪——美国 M1 加兰德步枪（1936 年）。

美国 M1 卡宾枪（1941 年）。

美国 M14 步枪（1957 年）。

意大利 BM59 步枪（1959 年）。

非回转闭锁半自动步枪：

开启非回转闭锁的半自动步枪——苏联 AVS 西蒙诺夫步枪（1936 年）。

苏联 SVT38/40 托卡列夫步枪（1939 年）。

苏联 SKS45 西蒙诺夫步枪（1945 年）。

法国 M49/56 步枪（1949 年）——比利时 FAL 步枪（1952 年）。

中国 1956 式步枪（1956 年）。

西德 G3 式步枪（1959 年）。

● **全自动步枪（快慢机）**

美国 M1918 自动步枪→M1918A1 轻机枪、M1918A2 轻机枪（1917 年）。

德国 FG42 自动步枪少量试装后流产（1942 年）。

● **突击步枪 / 班用枪族**

德国 StG44 步枪（1944 年出现）。

苏联 AK47 步枪（1947 年成熟）——中国 1956 式步枪（冲锋枪）。

苏联 AKM 步枪、AKM–RPK 班用枪族（1959 年）。

中国 1963 式步枪。

中国 1981 式步枪、81 式班用枪族。

小口径化——美国 M16 步枪（1962 年）——美国 M16A1 步枪（1967 年）。

苏联 AK74 步枪、AK74-RPK74 枪族（1974 年）

比利时 FNCAL、FNC 步枪（1980 年）

美国 M16A2 步枪（1982 年）

美国 M16A4 步枪（2002 年）

美国 M4 步枪（1991 年）、M4A1 步枪（1994 年）

德国 G36 步枪（1996 年）

中国 03 式步枪（2003 年）

俄罗斯 AK12 步枪（2014 年）

1977 年，大量使用塑料的无托结构——法国 MAS 步枪

中国 95 式步枪、95 式班用枪族（1995 年）。

1977 年，固定瞄准镜的无托结构——奥地利 AUG 步枪。

英国 L85A1 及枪族（1985 年）、L85A2 步枪及枪族（2002 年）。

大口径步枪

德国 M1918 T—Gew 反坦克步枪（1918 年）。

英国博伊斯反坦克（1937 年）。

苏联 M1941 捷格加廖夫 / 西蒙诺夫反坦克枪。

精度大幅度提高——美国 M82 大口径狙击步枪（1982 年）。

狙击步枪（中口径）

加配瞄准镜——英国惠特沃斯前装步枪（1857 年）。

专用弹半自动——苏联 SVD 狙击步枪（1963 年）——普通弹半自动

中国 1985 式狙击步枪。

高精度旋转后拉枪机式狙击步枪开始了精雕细刻的发展（20 世纪 60 年代）。

加挂榴弹、霰弹的步枪

步枪加挂榴弹发射器——美国 M203 枪挂榴弹发射器（1968 年）。

苏联 GP15、GP25、GP30 枪挂榴弹发射器（20 世纪 70 年代）。

中国枪挂榴弹发射器。

步枪加挂霰枪——美国 M26 附件式霰枪（2006 年）。

 # 矮小个子成员：手枪 ▶▶

前装阶段

● **独子手枪**

外侧火帽击发→中心火帽击发——美国德林杰手枪（1825 年）。

底缘火帽击发——法国福罗拜手枪（1845 年）。

转轮手枪：

手拨转轮——美国克利尔燧发转轮手枪（前装、线膛、打火）（1818 年）。

击锤与转轮联动——美国柯尔特 M1835 前装击发手枪（1835 年）。

扳机、击锤与转轮一起联动（双动扳机）——英国 M1855 博蒙特—亚当斯前装击发转轮手枪（1855 年）。

后装阶段

● **转轮手枪**

弹巢对正活门式退壳：

横针弹、敞开式转轮座——法国 M1854 里福瑟转轮手枪（1854 年）。

横针弹改为中心发火弹、敞开式转轮座——奥匈帝国 M1870 加塞转轮手枪。

中心发火弹、整体框架式转轮座——美国 M1873 柯尔特转轮手枪。

中心发火弹、整体框架式转轮座——意大利 M1889 博代奥转轮手枪。

无烟药中心发火弹、整体框架式转轮座——奥匈帝国 M1898 拉斯特—加塞转轮手枪。

弹头缩入弹壳内中心发火弹，击发时壳口坐入枪管尾孔内——俄罗斯 M1895 纳甘转轮手枪。

转轮折转式退壳：

底缘发火弹——美国史—韦 M1（No1）转轮手枪（1856 年）。

中心发火弹——美国史—韦 M3 转轮手枪（1869 年）。

英国 M1887 韦伯利转轮手枪。

日本二六式转轮手枪（1893 年）。

转轮侧摆式退壳：

法国 M1892 转轮手枪——美国 M1917 转轮手枪（1892 年）。

美国史密斯·韦森胜利（Victory）转轮手枪（1899 年—第二次世界大战时期）。

英国 K–200 史密斯·韦森转轮手枪（1940 年）。

自动装填手枪

●（半）自动手枪

管退专门枪机式：

德国博查特手枪（1893 年）。

德国毛瑟 M1896 手枪。

瑞士 M1900/ 派拉贝鲁姆手枪。

德国海军 M1904 手枪。

德国 P08 手枪（1908 年）。

日本南部手枪（1915 年）。

西班牙皇家、阿斯特拉 900 手枪。

芬兰 L35 拉蒂、瑞士 M40 手枪（1929 年）。

自由枪机式：

比利时 M1900 手枪（1900 年）。

美国柯尔特 M1903、比利时 FN 勃朗宁 M1903 手枪、西班牙鲁比手枪。

比利时 FN M1910 手枪。

西班牙卢比手枪。

意大利 M1915 手枪。

西班牙 M1921/ 阿斯特拉 400 手枪。

意大利 M1934 伯莱塔手枪。

单手装填——德国列格奴塞手枪（1921 年）。

中国 1977 式手枪。

双动且动感——德国 PP 手枪（1929 年）。

德国 PPK 手枪（1931 年）。

德国海军 HSc 手枪（1939 年）。

苏联 PM 手枪（1951 年）。

中国 1964 式手枪。

管退，套筒兼作枪机式：

其一：金属握把座：

枪管旋转后坐式——奥匈帝国 M1907 罗斯—斯太尔手枪（1907 年）。

奥匈帝国 M1912 斯太尔手枪。

管尾摆动后坐式——美 M1911 柯尔特手枪（1911 年）。

苏联 TT30、T33 手枪、中国 1954 式手枪。

比利时 M1935 手枪。

法国 M1935A、M1935S 手枪。

波兰 WZ35 手枪（1935 年）。

瑞士 P49/ 西格 P210 手枪（1949 年）。

法国 M1950 手枪。

瑞士 M75/ 西格 P220 手枪（1975）。

美国 M11/ 西格 P228 手枪（1993 年）。

俄罗斯 PYa 手枪（2003 年）。

卡铁式枪管后坐式——德国 P38 手枪（1938 年）。

意大利 M51 布莱塔手枪（1951 年）——西德 P1 手枪（1957 年）。

意大利布莱塔 M92 手枪（1976 年）。

美国 M9 手枪 / 布莱塔 92F 手枪（1985 年）。

其二：塑料握把座：

管尾摆动后坐式——奥地利 M80/ 格洛克 17 手枪（1980 年）。

德国 P8 手枪（1996 年）。

俄罗斯 SPS（SR-1）手枪（1996 年）。

枪管旋转后坐式——中国 9mm 92 式手枪（1998 年）。

非强制闭锁枪管后坐式——中国 92 式 5.8mm 手枪（2000 年）。

● **全自动手枪 / 冲锋手枪**

西班牙阿斯特拉 901/902/903 型、皇家 II 型 /MM31 手枪（1928 年）。

德国毛瑟 1930/1932 冲锋手枪。

苏联 APS 冲锋手枪（1951 年）。

中国 1980 式冲锋手枪。

003 倚靠支架成员：机枪 ▶▶

手摇机械传动机枪——美国加特林机枪（1862 年）。

燃气自动机枪——英国马克沁机枪（1884 年）。

中口径重机枪

管后坐式——英国 M1887 维克斯 - 马克沁机枪（1887 年）。

德国 M1908 马克沁机枪（1908 年）。

俄罗斯 M1910 马克沁机枪（1910 年）。

英国 MkⅠ/M1912 维克斯机枪（1901—1906 年）。

美国 M1917 勃朗宁机枪 / 中国三十节机枪（1921 年）、M1917A1 勃朗宁机枪（1936 年）。

美国 M1919 机枪系列。

导气式——美国 M1895 柯尔特机枪（1895 年）。

法国 M1897 哈奇开斯机枪。

日本三年式机枪（1914 年）。

日本九二式机枪（1932 年）、一年式机枪（1942 年）。

美国 M1914 柯尔特机枪。

苏联 SG43、中国 1953 式机枪。

苏联 SGM/ 中国 1957 式重机枪。

非强制闭锁的枪管后坐式——意大利 M1914 机枪（1914 年）。

轻机枪

中口径——丹麦麦德森（1902 年）。

英国 MKI 路易斯轻机枪（1915 年）。

日本十一年式轻机枪（1922 年）。

捷克 ZB26 轻机枪（1926 年）。

英国布伦轻机枪（1933 年）、加拿大勃然轻机枪（1943 年）。

日本九六式（1936 年）、九九式轻机枪（1939 年）。

法国 M1915 绍沙轻机枪（1915 年）。

法国 M1924 轻机枪（1924 年）、M1924/29 轻机枪（1929 年）。

波兰 WZ1928 轻机枪（1928 年）。

比利时 FN M1930D 轻机枪（1930 年）。

苏联德普 DP（1927 年）、中国 1953 式机枪（1953 年）。

苏联 RP46 机枪（1946 年）、中国 1958 式连用机枪（1958 年）。

苏联 RPD（1946 年）、中国 1956、1956-1 式轻机枪（1964 年）。

小口径——比利时米尼米轻机枪（1974 年）。

美国 M249 轻机枪（1982 年）、M249PIP 轻机枪（1986 年）、M249SPW 轻机枪（90 年代）、Mk 46 Mod 0（2000 年）。

德国 MG4 轻机枪（2004 年）。

通用机枪

锻造机匣——德国 MG34 机枪（1934 年）。

中国 1967 式、67-1 式（1978 年）、67-2 式机枪（1982 年）。

冲铆机匣——德国 MG42 机枪（1942 年）。

比利时 MAG 机枪（1956 年）、美国 M240 机枪（1976 年）/M240B 机枪（1995 年）。

美国 M60 机枪（1957 年）。

苏联 PK、PKM 机枪（1961、1970 年）。

联邦德国 MG3 机枪（1968 年）。

大口径重机枪

大口径重机枪——美国 M2 勃朗宁机枪（1921 年）。

苏联德什卡（DShK）高射机枪（1933 年）。

中国 1954/1954-1 式高射机枪。

苏联 KPV 机枪（1949 年）/ 中国 1956/58 式高射机枪。

中国 1977 式高射机枪。

中国 1985 式高射机枪——中国 1989 式重机枪。

航空机枪

首次登上飞机的机枪——英国 MKI 路易斯航空机枪（1915 年）。

高射速航空机枪——苏联 ShKAS 机枪（1932 年）。

加特林机枪现代版——美国 M61 火神机炮列装（1956 年）。

美国 M134m 尼岗机枪（1964 年）。

苏联 Yak-B 机枪（1981 年）。

美国 GAU-19 机枪（1983 年）。

车装机枪

适合车装的机枪——苏联 NSV 机枪（1969 年）。

俄罗斯 KORD 米重机枪（1998 年）。

中国 1988 式车装机枪。

004 快言快语成员：冲锋枪 ▶▶

固定枪托

半自由枪机式——意大利 M1915 冲锋枪（1915 年）。

意大利 M1918。

美国汤姆森冲锋枪（1921 年）。

德国 MP5 冲锋枪（1966 年）。

1918 年，自由枪机式——德国 MP18 I 冲锋枪。

德国 MP28 II/MP34 冲锋枪（1928 年、1934 年）。

美国 M1/M1A1 汤姆森冲锋枪（1942 年）。

英国司登（STEN）冲锋枪（1941 年）。

苏联波波莎（PPSh）冲锋枪（1941 年）。

折叠 / 伸缩托

自由枪机式——德国 MP38、MP40 冲锋枪（1938 年）。

美国 M3 冲锋枪（1942 年）。

苏联 PPS（1943 年）、中国 1954 式冲锋枪。

以色列 Uzi（乌齐）冲锋枪（1954 年）。

轻型化（2kg 以下）

自由枪机式——波兰 M63 冲锋枪（1963 年）。

中国 1985 式冲锋枪。

导气式——中国 1979 式冲锋枪（1979 年）。

小口径

自由枪机式——比利时 P90 单兵自卫武器（1990 年）。

中国 05 式冲锋枪（2005 年）。

005 粗矮胖子成员：榴弹发射器 ▶▶

单发榴弹发射器

步枪下挂榴弹发射器（1968 年）。

美国 M203 枪挂榴弹发射器出现。

苏联 GP15/25/30 枪挂榴弹发射器。

自动榴弹发射器

机枪式榴弹发射——美国 MK19 自动榴弹发射（1968 年）。

苏联 / 俄罗斯 AGS17、AGS30 自动榴弹发射器（1972 年）。

中国 87 式自动榴弹发射器（1996 年）。

中国 04 式自动榴弹发射器（2004 年）。

006 特殊嗜好成员：特种枪 ▶▶

霰弹枪

膛线出现前的滑膛枪（18 世纪初）。

金属壳底横针弹的霰枪——法国里福瑟霰枪（1836 年）。

泵动式霰枪——美国温彻斯特 M1897 霰枪（1897 年）。

美国温彻斯特 M12 霰弹枪。

美国雷明顿 M870 式霰弹枪。

被加挂到步枪的霰枪——美国 M26 附件式模块霰枪（2006 年）。

微声枪

可加装在枪口的马克沁消声筒专利（1908 年）。

自闭微声弹的微声枪——苏联 PSS 微声手枪（1983 年）。

水下枪

水下非自动枪——苏联 SPP–1 手枪（1971 年）。

水下非自动枪——德国 P11 手枪

水下自动枪——苏联 APS 步枪（1972 年）。

普通弹 / 水下弹水陆两栖枪——俄罗斯 ASM–DT 步枪（1991 年）。

能发射普通弹的水陆两栖枪——俄罗斯 ADS 步枪（2005 年）。

3
枪的家族成员籍贯

● 奥地利

奥地利 M80 手枪（格洛克 17 手枪）

奥地利 M1867 沃恩德尔独子步枪

奥地利 AUG 步枪

● 奥匈帝国

奥匈帝国 M1870 加塞转轮手枪

奥匈帝国 M1886 曼利夏步枪

奥匈 M1888 步枪

奥匈曼利夏 M1888/90 步枪

奥匈 M1895 斯太尔—曼利夏步枪

奥匈帝国 M1898 拉斯特—加塞转轮手枪

奥匈帝国 M1907 罗斯—斯太尔手枪

奥匈帝国 M1912 斯太尔手枪

● 比利时

比利时 FAL 自动步枪

比利时 FN CAL、FNC 步枪

比利时 FN M1903 手枪

比利时 FN M1910 手枪

比利时 FN M1930D 轻机枪

比利时 FN MAG 通用机枪

比利时 M1900 FN 手枪

比利时 M1935 手枪

比利时 P90 单兵自卫武器

比利时米尼米轻机枪

● 波兰

波兰 PM63 微型冲锋

波兰 Wz35 手枪

波兰 Wz1928 轻机枪

● 丹麦

丹麦 M1889 克拉格—约根森步枪

丹麦麦德森轻机枪

● 德国

联邦德国 G3 步枪

德国 G36 步枪

德国 M1841 德莱塞步枪

德国 M1871 毛瑟步枪

德国 M1871/84 毛瑟步枪

德国 M1888 委员会步枪

德国 M1898 步枪

德国 M1918 T—Gew 步枪

德国毛瑟 M1930、M1932 手枪

德国 MG08 马克沁机枪

德国 MG08/15 轻机枪

联邦德国 MG3 机枪

德国 MG4 机枪

德国 MG34 机枪

德国 MG42 通用机枪

德国 MP5 冲锋枪

德国 MP18 Ⅰ 冲锋枪

德国 MP28 Ⅱ 冲锋枪

德国 MP34 冲锋枪

德国 MP38 冲锋枪、MP40 冲锋枪

联邦德国 P1 手枪

德国 P08 手枪

德国 P8 手枪

德国 P11 水下手枪

德国 P38 手枪

德国 PP 手枪

德国 PPK 手枪

德国 StG44 突击步枪

德国博查特手枪

德国布伦斯威克燧发枪

德国海军 M1904 手枪

德国海军 HSc 手枪

德国列格奴塞手枪

德国毛瑟 M1896 手枪

● 俄罗斯 / 苏联

俄罗斯 M1891 莫辛—纳甘步枪

苏联 M1891/30 步枪

苏联 M1938 骑枪

苏联 M1944 骑枪

俄罗斯 M1895 纳甘转轮手枪

俄罗斯 M1910 马克沁机枪

苏联 M1941 捷格加廖夫反坦克枪

苏联 M1941 西蒙诺夫反坦克枪

俄罗斯 ADS 水陆两栖枪

苏联 / 俄罗斯 AGS17、AGS30 自动榴弹发射器

俄罗斯 AK12 步枪

苏联 AK47 步枪

苏联 AKM 步枪、AKM—RPK 班用枪族

苏联 AK74 步枪

苏联 AK74 步枪、AK74M—RPK74 枪族

苏联 APS 冲锋手枪

苏联 APS 水下步枪

俄罗斯 ASM—DT 水陆两用步枪

苏联 AVS36 西蒙诺夫步枪

苏联 DP（德普）轻机枪

苏联 DShK（德什卡）机枪

苏联 GP15、GP25、GP30 枪挂榴弹发射器

俄罗斯 KORD 重机枪

苏联 KPV 机枪

苏联 NSV 重机枪

苏联 PK 通用机枪

苏联 PKM 通用机枪

苏联 PM 手枪

苏联 PPS 冲锋枪

苏联 PPSh（波波莎）冲锋枪

苏联 PSM 手枪

苏联 PSS 微声手枪

俄罗斯 PYa 手枪

苏联 RP46 机枪

苏联 RPD 轻机枪

苏联 SG43 重机枪

苏联 SGM 重机枪

苏联 ShKAS 航空机枪

苏联 SKS45 西蒙诺夫半自动步枪

苏联 SPP–1 水下手枪

俄罗斯 SPS 手枪

苏联 SVD 狙击步枪

苏联 SVT38/40 托卡列夫半自动步枪

苏联 TT30、T33 手枪

俄罗斯伯丹 1 号 /2 号步枪

苏联 Yak–B 机枪

● **法国**

法国 M49/56 半自动步枪

法国 M1776 查理维利燧发枪

法国 M1866 夏斯波步枪

法国 M1878 克罗巴查克步枪

法国 M1886 勒贝尔步枪

法国 M1916 勃赫提耶步枪

法国 M1892 转轮手枪

法国 M1897 哈其开斯重机枪

法国 M1924、M1924/29 轻机枪

法国 M1935A、M1935S 手枪

法国 M1936 步枪

法国 M1950 手枪

法国 MAS 步枪

法国鼻烟壶步枪

法国福罗拜手枪

法国里福瑟横针弹霰枪

法国里福瑟转轮手枪

法国米尼哀弹头

法国 M1915 绍沙轻机枪

● **芬兰**

芬兰 L35 拉蒂

● **加拿大**

加拿大勃然轻机枪

● **捷克**

捷克 Vz24 步枪

捷克 ZB26 轻机枪

● **美国**

美国 GAU–19 机枪

美国 M1 冲锋枪

美国 M1A1 冲锋枪

美国 M1 加兰德半自动步枪

美国 M1 卡宾枪

美国 M3 冲锋枪

美国 M4、M4A1 步枪

美国 M9 手枪

美国 M11（西格 P228）手枪

美国 M14 步枪

美国 M16 步枪

美国 M16A1 步枪

美国 M16A2 步枪

美国 M16A3 枪族

美国 M16A4 步枪

美国 M26 模块霰枪

美国 M60 通用机枪

美国 M61 火神机枪（炮）

美国 M82 大口径狙击步枪

美国 M134 米尼岗机枪

美国 M240 通用机枪

美国 M249 轻机枪

美国 M1819 霍尔燧发步枪

美国 M1836 燧发手枪

美国 M1836 霍尔（击发）步枪

美国 M1855 步枪

美国 M1858 步枪

美国 M1862 斯潘塞步枪

美国 M1863 步枪

美国 M1873 柯尔特转轮手枪

美国 M1892、M1896 步枪

美国 M1903 步枪

美国 M1903A1 步枪

美国 M1903A3 步枪

美国 M1911 柯尔特手枪

美国 M1911A1 手枪

美国 M1917 转轮手枪

美国 M1917 步枪

美国 M1917、A1 勃朗宁机枪

美国 M1918 勃朗宁自动步枪

美国 M1919 系列勃朗宁机枪

美国 M1921 重机枪

美国 M2 重机枪

美国 M1928 汤姆逊冲锋枪

美国 M1928A1 汤姆逊冲锋枪

美国 M203 枪挂榴弹发射器

美国 M320 枪挂榴弹发射器

美国 MK19 自动榴弹发射器

美国伯恩塞德后装枪

美国德林杰手枪

美国海军 M1895 柯尔特机枪

美国 M1914 柯尔特机枪

美国亨利 M1860 步枪

美国火山枪

美国加特林机枪

美国克利尔燧发转轮手枪

美国柯尔特（早期）转轮手枪

美国柯尔特 M1903 手枪

美国雷明顿步枪

雷明顿 M870 式霰枪

美国梅纳德后装枪

美国皮博迪步枪

美国史密斯—韦森 No.1 转轮手枪

美国史密斯—韦森 No.3 转轮手枪

美国史密斯—韦森胜利转轮手枪

美国斯普林菲尔德步枪

美国温彻斯特 M1866 步枪

美国温彻斯特 M1873 步枪

美国温彻斯特 M1876 步枪

美国温彻斯特 M1894/M1895 步枪

美国温彻斯特 M1897 霰枪

美国温彻斯特 M12 霰弹枪

美国夏普斯步枪

● 墨西哥

墨西哥 M1908 步枪

●挪威

挪威 M 1894 步枪

● 日本

日本三式重机枪

日本九二式重机枪

日本一年式重机枪

日本十一式轻机枪

日本二六式转轮手枪

日本三十年式步枪

日本三八式步枪

日本九六式轻机枪

日本九九式步枪

九九式轻机枪

日本南部手枪

● 瑞士

瑞士 M75（西格 P220）手枪

瑞士 M1900 手枪 /7.65 毫米派拉贝鲁姆手枪

瑞士 M1868 维特里步枪

瑞士 P49（西格 P210）手枪

● 瑞典

瑞典 M40 手枪

● 土耳其

土耳其 M1887 毛瑟步枪

● 西班牙

西班牙 M1893 毛瑟步枪

西班牙 M1921（阿斯特拉 400）手枪

西班牙阿斯特拉 901 型、902 型、903 型冲锋手枪

西班牙皇家 II 型、MM31 冲锋手枪

西班牙鲁比手枪

● 意大利

意大利 BM59 步枪

意大利 M51 布莱塔手枪

意大利布莱塔 M92 手枪

意大利伯莱塔 92F 手枪

意大利 M1871 维特里步枪

意大利 M1889 博代奥转轮手枪

意大利 M1891 曼利夏—卡尔卡诺步枪

意大利 M1938 曼利夏—卡尔卡诺步枪

意大利 M1914 菲亚特—列维利机枪

意大利 M1915 手枪

意大利 M1915 冲锋枪

意大利 M1918 冲锋枪

意大利 M1934 伯莱塔手枪

● 以色列

以色列 Uzi（乌齐）冲锋枪

● 英国

英国 K–200 史密斯·韦森转轮手枪

英国 L85A1 步枪及枪族、L85A2 步枪及枪族

英国 L121A1 反器材步枪

英国 M1842 布伦士威克步枪

英国 M1853 恩菲尔德步枪

英国 M1855 博蒙特—亚当斯前装转轮手枪

英国 M1866 恩菲尔德—斯奈德步枪

英国 M1887 维克斯－马克沁机枪

英国 Mk Ⅰ（维克斯）机枪

英国 Mk Ⅰ路易斯机枪

英国 Mk Ⅰ路易斯航空机枪

英国 Mk Ⅰ布伦轻机枪

英国 Mk Ⅰ—Ⅵ 司登冲锋枪

英国贝克燧发步枪

英国博伊斯反坦克枪

英国布朗·贝斯燧发枪

英国弗格森后装线膛燧发枪

英国福塞斯香水瓶式击发枪

英国惠特沃斯步枪

英国马蒂尼—亨利步枪

英国马克沁机枪

英国 MLM Mk Ⅰ步枪

英国 MLM Mk Ⅰ＊步枪

英国 MLM Mk Ⅱ步枪

英国 LMC Mk Ⅰ步枪

英国 MLE Mk Ⅰ步枪

英国 LEC Mk Ⅰ步枪

英国 SMLE Mk Ⅰ步枪

英国 SMLE Mk Ⅱ步枪

英国 SMLE Mk Ⅰ＊步枪

英国 SMLE Mk Ⅲ步枪

英国 SMLE Mk Ⅳ步枪

英国（SMLE）No1 步枪

英国（SMLE）No2 步枪

英国（SMLE）No4 步枪

英国（SMLE）No5 步枪

英国韦伯利转轮手枪

英国约翰·曼顿击发枪

● 中国

中国二四式马克沁机枪

中国二四式步枪

中国三十节机枪

中国汉造七九（1893）步枪

中国 1953 式步枪

中国 1953 式轻机枪

中国 1953 式重机枪

中国 1957 式重机枪

中国 1954 式手枪

中国 1954 式冲锋枪

中国 1954 式高射机枪

中国 1954–1 式高射机枪

中国 1956 式半自动步枪

中国 1956 式步枪（冲锋枪）

中国 1956 式轻机枪

中国 1956–1 式轻机枪

中国 1956 式高射机枪

中国 1958 式连用机枪

中国 1958 式高射机枪

中国 1963 式步枪

中国 1964 式手枪

中国 1967、67–1、67–2 式机枪

中国 1977 式手枪

中国 1977 式高射机枪

中国 1979 式冲锋枪

中国 1981 式步枪、1981 式班用枪族

中国 1985 式冲锋枪

中国 1985 式狙击步枪

中国 1985 式高射机枪

中国（19）87 式自动榴弹发射器

中国（20）04 式自动榴弹发射器

中国 1988 式车装机枪

中国 1989 式重机枪

中国（19）92 式手枪

中国（19）95 式步枪、95 式班用枪族

中国 95-1 式步枪

中国（19）03 式步枪

中国（20）05 式冲锋枪

4

枪的家族之最

001 最大岁数的枪：中国突火枪 ▶▶

兵器是指直接毁伤军事目标的器具。通过身管利用火药燃气推送射弹毁伤目标的兵器属于枪炮，枪炮中便于手持使用的称为枪，难于携行使用的称为炮。

构成枪炮的最基本要素是身管、火药和射弹。射弹是打击目标的毁伤源，火药是抛射出射弹的能源，身管是赋予射弹方向的导轨。

世界上最早的枪，是 1259 年（中国宋代理宗开庆元年）在寿春府（今安徽寿县）出现的突火枪。突火枪是用火药通过竹管抛射石子、瓦片等毁伤目标的装置。此枪"以巨竹为筒，内安子窠，如烧放，焰绝，然后子窠发出，如炮声，远闻百五十步"。（《宋史·兵志》）据考证，子窠可能是瓷片、碎铁子、石子之类东西。点燃后不但有火焰喷出，而且还有可以伤人的"子窠"射出。这种枪用竹管做身管，黑火药作能源，子窠作为射弹，具备了枪炮的三要素，开创了枪炮的先河。

枪炮三要素中关键的是火药。在 808 年的《太上圣祖金丹秘诀》一书中

成员名片

中国的突火枪

弹药：黑火药粉和石子、瓦砾、瓷片等

枪身架构：身管后端连接把柄

弹药装填方式：从身管的膛口塞入（前装）

点火方式：能引燃的火源

性能特点：具备了枪炮的三大要素——能源、毁伤源和身管

就记载了黑火药配方，中国四大发明之一的火药在唐代晚期以前已经出现。904 年的《九国志》中记载，郑璠进攻豫章（今江西南昌市）发明火药弹。南宋《守城录》中记载，1132 年出现用竹筒喷发火药燃气的火枪。火药开始用于战争，开创了热兵器时代。

突火枪示意图

突火枪的使用

002 最早的后膛枪： 英国弗格森步枪 ▶▶

英格兰军人弗格森（Patrick Ferguson，1744—1780）1776 年获准一支后装枪专利，得到英国军方认可，由伍尔威治兵工厂试制，少量试装，并由他本人带队参加镇压美国独立战争。1777 年，曾因一时判断失误，错过了击毙美军统帅华盛顿机会。该枪在世界上最先实现了从枪管后端装填火药和弹丸，缩短了从枪口塞入方式的漫长操作时间，实现了射手卧姿情况下的装填，减少了需要站立才能装填的身体暴露高度，在战场上减少了遭遇射杀的危险性。

后装的具体结构是，在线膛燧发枪的弹膛部位垂直拧上一个大螺栓，竖插螺栓封住了膛尾。射击前，需要拧下螺栓，露出膛尾，火药与弹丸从螺孔塞入弹膛，再将螺栓上旋回位，瞄准，扣动扳机射击。由于操作麻烦，螺纹容易烧蚀，前后总产量只有 300 支。后来，弗

成员名片

英国弗格森步枪

弹药： 黑火药粉和铅丸等

枪身架构： 枪管固定于枪托上

弹药装填： 从身管膛尾塞入（后装）

点火方式： 燧石打火

后膛闭锁机构： 垂直螺塞

性能特点： 最早的后膛枪

格森在战斗中被美军狙杀，他所领导的后装步枪分队随之解散，英军仍大量使用前装枪。

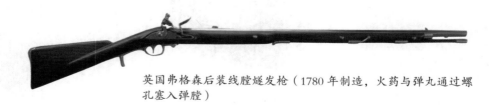

英国弗格森后装线膛燧发枪（1780 年制造，火药与弹丸通过螺孔塞入弹膛）

成员特征参数

枪全长：1200mm

身管长：800mm

全枪重：5kg 左右

枪口径：19mm

枪弹：初速 200m/s，有效射程 183m

英国弗格森后装线膛燧发枪的局部细节

英国弗格森后装线膛燧发枪复制品的模拟射击

003 最早的击发枪：
英国瓶装击发药击发枪 ▶▶

燧石发火沿用了 300 多年。燧发枪的缺点显而易见：每次点火不能保证都能引燃膛内火药，至少有 30% 的失败率；点火需要凝目在点火孔上，而且时间长，难于实施向前方的瞄准；药池内的火药容易受潮、失效，发射成功与否受到天气的影响大；燧石使用寿命短，每次安装好的燧石不可能超过 30 次，就要更换新的燧石。发火方式的革新势在必行，点火物质不能继续使用燧石，需要寻求更可靠更敏感的物质。

1799 年，英国人霍华德（Edward Charles Howard，1774—1816）制备出了雷汞，比起以前合成的雷酸金、雷酸银和雷酸钾的性能都稳定些，其爆轰猛烈，用作发射药会引起身管爆裂；但它对撞击敏感，用来撞击发火，点燃黑火药成了妙招。于是出现了用锤打击发药的发火方式，有了击发枪。击发枪就是利用撞击击发药发火，点燃膛内火药的枪。枪炮发火方式的第三次变革开始了。

第一次变革是火门枪变成火绳枪，第二次变革是火绳枪变成燧发枪，第三次变革是燧发枪变成击发枪。

最早的击发枪是在前装燧发枪的基础上，由英国人福赛斯（Paster Alexander.John.Forsyth，1768—1843）改装实现的。他是一位牧师，其业余时间都花费到了打猎、修理枪械、做化学试验等工作。1805 年，与人合作研制出一个击发装置——形如香水瓶的击发发火装置。将此装置安装在改装的手枪或步枪

成员名片

英国瓶装击发药击发枪

弹药：黑火药粉和铅丸

枪身架构：枪托上枪管与机匣固定连接

弹药装填：从身管膛口塞入（前装）

点火方式：锤击从瓶中倒出的击发药

性能特点：迈出了击发发火第一步

上，1807 年 4 月 17 日获得了专利，专利号 3032。有了香水瓶式击发手枪和击发步枪。此种发火方式虽然持续时间不长，但在枪械发展史上有着划时代的作用。

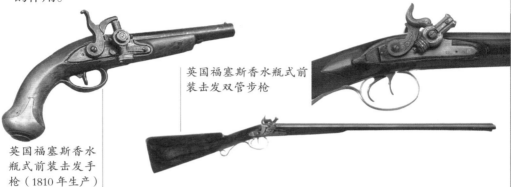

英国福塞斯香水瓶式前装击发双管步枪

英国福塞斯香水瓶式前装击发手枪（1810 年生产）

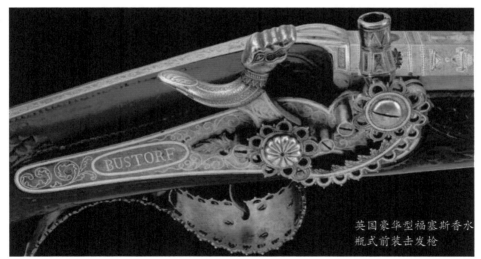

英国豪华型福塞斯香水瓶式前装击发枪

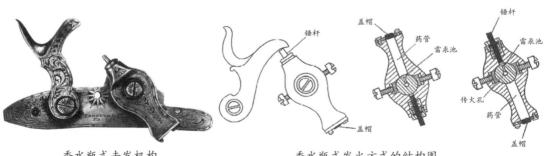

香水瓶式击发机构　　　　香水瓶式发火方式的结构图

发火过程：瓶内药管 B 内装有雷汞，其量能够满足 20—30 次射击使用。其发射过程是：从枪口装入火药和弹丸后，将香水瓶 180° 倒置转动，从瓶内雷汞药管 B 中倒出一点雷汞 A，香水瓶 180° 回复原位，锤杆 D 转回朝上；扣动扳机，击锤下转打击锤杆 D，锤杆下端击发雷汞 A，火焰由传火口 E 进入枪膛药室，点燃膛内的火药，形成发射。

004　最早的击锤与转轮联动击发式转轮枪：美国柯尔特转轮手枪 ▶▶

18 35 年美国人塞缪尔·柯尔特（Samuel Colt，1814—1862）在 1818 年美国人克利尔（Elisha Haydon Collier，1788—1856）手动转轮式弹巢的燧发手枪专利启发下，利用新出现的火帽击发发火的技术，获得击发式转轮手枪专利。转轮由平行的 5 个或 6 个弹巢组成，火药和锥形弹头从弹巢的前端口部塞入，火帽安装在弹巢尾端的奶头状火嘴上。该枪成功地实现了扳倒击锤的同时，带动转轮的转动，使次发弹巢正好对正枪管。在转轮手枪上首次实现了击锤与转轮的联动，成为世界上第一把得到广泛使用的转轮手枪。

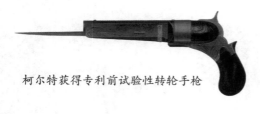

柯尔特获得专利前试验性转轮手枪

柯尔特获得专利前试验性转轮手枪的待击状态

成员名片

美国柯尔特转轮手枪

弹药： 黑火药粉和铅丸置于弹巢内，火帽置于弹巢后端火嘴上

枪身架构： 枪管与枪底把固定连接，转轮转动

弹药装填： 火药和弹丸从转轮的弹巢前端塞入（前装）

后续输弹： 击锤驱动转轮上的弹巢转动到与枪管对正

发火方式： 击锤打击到转轮尾端火嘴上的火帽

首发扳机动作： 释放击锤的单动

性能特点： 首次使用火帽击发，并实现击锤与转轮联动的转轮
手枪

　　该试验型的制造时间为 1832—1835 年。口径 8.13mm，弹巢数 5 个，折叠式扳机，枪全长 184mm，八角形枪管长 77mm。匕首在后来正式型号中从未采用。后来，柯尔特为了增大装药密度，提高弹丸射程，在其转轮手枪上加装了压药杆，出现了柯尔特 M1848 等前装击发转轮手枪。

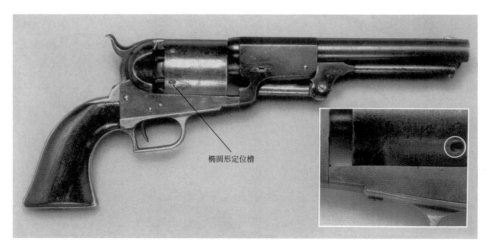

椭圆形定位槽

柯尔特 0.44 英寸 M1848 骑兵前装转轮手枪（早期）

美陆军 M1849 柯尔特转轮手枪

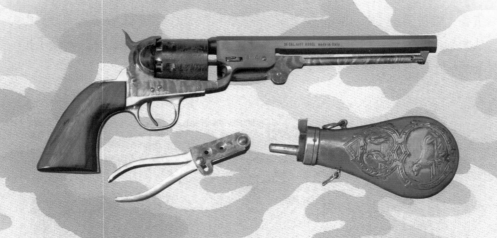

美海军 M1851 柯尔特转轮手枪

005 最早的弹头弹壳一体弹、外击锤、管式弹仓枪：

美国火山手枪 ▶▶

18 51 年美国人史密斯（Horace Smith，1808—1893）和丹尼尔·贝尔德·韦森（Daniel Baird Wession，1825—1906）的兄弟艾德文·韦森（Edwin Wesson）1851 年在康涅狄格州纽海文合作，以火山弹仓武器公司（Volcanic Repeating Arms Company）办厂。1854 年，该厂在詹宁斯（Lewis Jennings）和 1849 年亨特（Walter Hunt，1796—1859）的管式弹仓枪的专利基础上生产亨特/詹宁斯步枪和手枪。步枪没有成功，结合他们自己厂的专利研制成了火山（Volcanic，沃尔坎尼克）手枪。该枪采用了一体化枪弹，将发射火药和击发药都装在弹头之内；闭锁机构采用杠杆操纵的肘节式枪机，供弹采用管式弹仓。从 1854 年到 1857 年火山公司破产，共生产火山

成员名片

美国火山手枪

弹药：长尾弹头壳的定装弹

枪身架构：枪管与枪底把固定连接，枪底把内容装闭锁机

弹药装填：后装

闭锁方式：杠杆操控的肘节两臂撑开

供弹方式：枪管下方的 8 发管式弹仓

输弹方式：扳机护圈杠杆驱动

发火方式：外露击锤通过击针冲击软木后面的击发药

首发扳机动作：单动

性能特点：最早的肘节式闭锁、管式弹仓，扳机护圈作操纵杠杆

手枪约 3200 把，其中 1200 支的枪管长 152mm，1500 把的枪管长 203mm，还有 300 把是可卸枪托，枪管长 406mm。后来接手的纽海文武器公司也曾少量生产了几种火山手枪的变形枪。火山枪为后来的亨利和温彻斯特杠杆步枪的出现奠定了基础。

成员特征参数

美国火山手枪

枪全长：325mm

枪管长：203mm

全枪重：1.36kg

枪口径：10.4mm

管式弹仓容弹量：6 发

枪弹：初速 150m/s

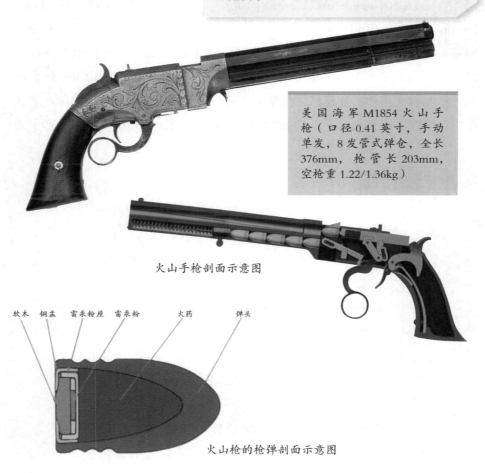

美国海军 M1854 火山手枪（口径 0.41 英寸，手动单发，8 发管式弹仓，全长 376mm，枪管长 203mm，空枪重 1.22/1.36kg）

火山手枪剖面示意图

软木　铜盂　雷汞粉座　雷汞粉　　　火药　　　弹头

火山枪的枪弹剖面示意图

006 最早的实现扳机双动、采用整体枪底把枪：英国 M1855 博蒙特—亚当斯前装转轮手枪 ▶▶

英国人罗伯特·亚当斯（Robert Adams，1809—1880）在 1851 年 2 月 24 日获得采用火帽击发发火、铅丸前装的整体枪底把的转轮手枪专利。在转轮手枪历史上第一次将枪管和转轮握把座结合成一体，开创了整体枪底把结构，使得全枪可靠性和寿命大为提高。同时为了简化操作，快速开火，该枪也研制了使击锤自动待击机构，不成熟。1853 年后，亚当斯的设计融入博蒙特（Frederick E Beaumont，1838—1899）先进的联动发射机构，并联合成立了武器公司，成就了博蒙特—亚当斯转轮手枪，双动转轮手枪在世界上首次获得成功。双动实现后，击锤的待击不再用手拇指扳动，变成了扳机带动，当然转轮也随击锤待击而转动，待击状态形成之时次发弹巢也恰好对正枪管。单动发射的手枪扣机力小，射击精度高；双动发射的扣机力大，

成员名片

英国 M1855 博蒙特—亚当斯转轮手枪

弹药：火药和圆锥形弹头在弹巢内，火帽在弹巢后

枪身架构：枪管与枪底把固定连接，框内转轮转动

装弹方式：火药和弹丸从转轮弹巢的前端塞入的前装式

后续供弹：击锤后倒时驱动转轮转动，使次发枪弹待击

发火方式：击锤打击转轮尾端火嘴上的火帽

首发扳机功能：使击锤后仰待击，继而释放击锤击发的双动

性能特点：首次实现扳机的双动，首次采用整体枪底把

射击精度差，但对快速射击有利。1855 年该枪被英国军队列装。

　　该转轮枪的出现，迫使 1853 年刚刚进入英国的美国柯尔特的英国分公司关闭，使柯尔特的转轮手枪未能在欧洲站住脚。因为经过英国官方对比试验表明，它比柯尔特的枪装弹速度快，精度较好，寿命高，不易走火，全枪重量又轻，而且率先使用了双动扳机。

　　1864 年改成了采用中心发火金属弹壳的整装枪弹，后方装填的装脱式整体枪底把的转轮手枪，1868 年开始又继续为英军及警察广泛采用。

成员特征参数

英国 M1855 博蒙特—亚当斯转轮手枪

枪全长：320—337mm

枪管长：160—178mm，管内 3 条膛线

全枪重：1.3kg

枪口径：12.9/12.5/11.2mm，后期为 9.1mm

容弹量：5 发

枪弹：初速 168m/s

博蒙特·阿达姆斯转轮手枪（1858
年左右制造，口径 12.5mm）

博蒙特·阿达姆斯转轮手枪压药

博蒙特·阿达姆斯转轮手枪
整体枪底把与转轮

博蒙特·阿达姆斯转轮手枪 5 巢转轮的前后

007 最早的折转式退壳装弹后装转轮手枪：美国史密斯·韦森 No1 转轮手枪 ▶▶

1855年美国史密斯·韦森公司（Smith and Wesson Company）为了实现方便快捷的后方装弹，购买了本国的罗林·怀特（Rollin White，1818—1892）通透弹巢的转轮专利，生产出史密斯—韦森 No1 转轮手枪；并在法国福罗拜枪弹基础上，研制出边缘发火的转轮手枪弹，该弹是将福罗拜的弹壳加长，装上了发射药的约 5.6mm 边缘发火弹。通过向上折转枪管，方便了弹巢的装弹与退壳，使得史密斯·韦森公司的转轮手枪迈上了方便快捷之路。在通透弹巢专利有效期内，气得柯尔特公司敢怒不敢言，只能出售弹头和火药从前端装入的落后的转轮手枪。

发射约 5.6mm 底缘发火弹，7 发弹巢（后也有 6 发弹巢），长 178mm，满弹全枪重 340g，当时售价 12 美元。除手枪外，此类底缘发火枪弹还在后

成员名片

美国史密斯·韦森 No1 转轮手枪

弹药： 全金属弹壳的底缘发火定装弹

枪身架构： 转轮相对于枪管转动，枪管相对于枪底把折转

弹巢结构： 首次实现通透弹巢，开启转轮枪的后装之路

输弹方式： 击锤驱动转轮回转

装弹与退壳方式： 枪管绕铰链向上折转

发火方式： 击锤打击进膛枪弹的底缘

首发扳机功能： 释放击锤击发的单动

性能特点： 首次实现枪管折转退壳装弹

来的斯潘塞弹仓步枪、亨利弹仓步枪上得到后续使用，直至今天的某些运动枪上还在沿用。

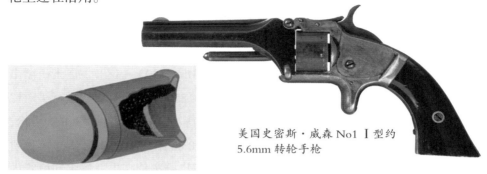

美国史密斯·威森No1 Ⅰ型约
5.6mm 转轮手枪

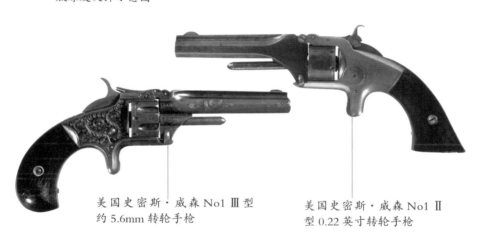

底缘发火弹示意图

美国史密斯·威森 No1 Ⅲ 型
约 5.6mm 转轮手枪

美国史密斯·威森 No1 Ⅱ
型 0.22 英寸转轮手枪

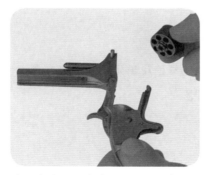

美国史密斯·韦森 No1 转轮手枪枪
管折转式装弹

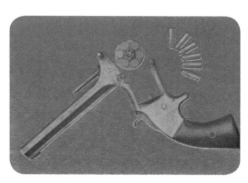

美国史密斯·韦森 No1 转轮手枪折转式装弹

008 最早的加装瞄准镜步枪：英国惠特沃斯步枪 ▶▶

英国人约瑟夫·惠特沃斯（Joseph Whitworth，1803—1887）爵士研制出的加装瞄准镜步枪（Whitworth rifle）在 1857 年与当时步枪进行了对比试验。当时英国军队装备的是 M1853 恩菲尔德 14.7mm 前装线膛击发步枪，只能在 128m 击中靶子，惠特沃斯步枪能在 183m 距离上击中靶子，而且射击速度快得多。最终，英国当局认为惠特沃斯步枪造价高出三倍多和枪管内沉积火药残渣难于保养，拒绝采购，公司只好销售到法国和美国内战期间的南方联邦军队。

惠特沃斯步枪造价高的原因，除了瞄准镜外，还在当时前装线膛的基础上对弹药和枪管进行了革新，采用了缩小口径的 11.5mm 的枪弹，口径从 14.7mm 减到 11.5mm，膛线改为六边形，缠距缩短为 508mm，比 M1853 恩菲尔德的 1981mm 缠距短，也比 M1856/1858 步枪的 1219mm 缩短了好多，发射出去的弹头在远距离上飞行更加稳定。

成员名片

英国惠特沃斯步枪

弹药：散装黑火药和弹头，火帽击发

枪身架构：枪管在机匣上固定连接，机匣与枪托固定一体

装填方式：火药和弹头从枪口塞入（前装）

点火方式：外露击锤锤打火帽

枪管结构：前装线膛

性能特点：首次在步枪上加装瞄准镜

1857—1865 年有 13400 支惠特沃斯步枪加装了放大 3 倍的望远瞄准镜。1860 年，美国柯尔特公司开始曾经出售专门用于步枪的瞄准镜，时价每具 15 美元。使 19 世纪精选的前装线膛步枪或后装步枪变成了狙击步枪。

成员特征省数

英国惠特沃斯步枪

枪全长：1200mm

枪管长：914mm

全枪重：4.1kg

枪弹：约 11.5mm 黑火药步枪弹，弹头重 34g

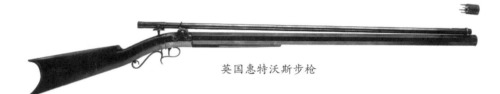

英国惠特沃斯步枪

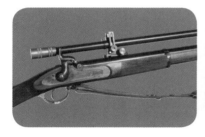

英国惠特沃斯步枪

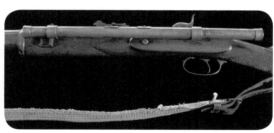

惠特沃斯步枪瞄准镜的另一种安置形式

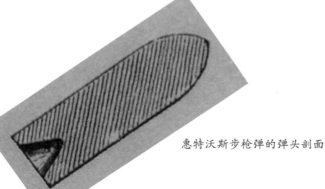

惠特沃斯步枪弹的弹头剖面

009

最早的中心发火弹后装并折转自动一起退壳的转轮枪：史密斯·韦森 No 3/M3 单动转轮手枪 ▶▶

1869 年，史密斯·韦森公司推出了一种全新设计的 No.3/M3 转轮手枪，又是转轮手枪发展过程中的一个重要里程碑。实现了为重新装弹折转枪管（转轮）的自动同步退出 6 发弹壳，并采用了中心发火的转轮枪弹。将 No1 转轮枪的向上折转变成了向下折转，并且无需单发退壳与装弹，在人机工效方面前进了一大步。1871 年 5 月，俄罗斯作为首批 M3 的用户，同史密斯·韦森公司签订了 215704 把购买合同，并用黄金作预付款。这份合同使公司踏上了高速路，不久，订单像雪片一样飞入公司，远远超出了其生产能力。许多国家追随订购与装备。

🔹 成员名片

史密斯·韦森 No3/M3 单动转轮手枪

弹药： 全金属弹壳的中心发火定装弹

枪身架构： 转轮相对枪管转动，枪管相对于枪底把折转

输弹方式： 击锤驱动转轮

装弹与退壳方式： 枪身绕铰链向下折转，并自动同步一起退壳

发火方式： 击锤打击进膛枪弹的底部中心

首发扳机功能： 释放击锤击发的单动

性能特点： 首次实现枪身折转同步一起退出弹壳，首次采用中心发火弹

成员特征参数

史密斯·韦森 No.3/M3 单动转轮手枪

枪全长：301.5mm

枪管长：191/178/165mm，棱形枪管

弹巢容弹量：6 发，巢长 36mm

枪　弹：11.18mm 中心发火全金属转轮枪弹，早期使用黑火药，铅

　　　　弹头重 15.9g，初速 235m/s

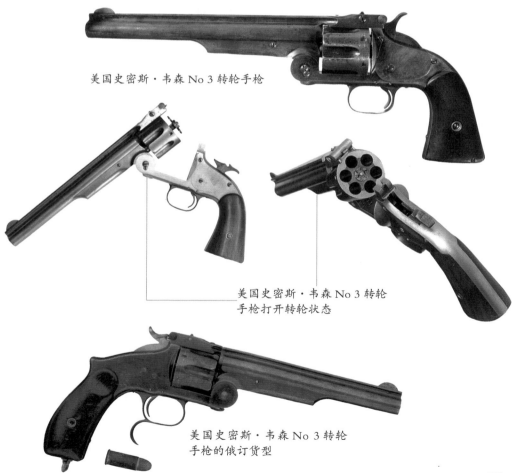

美国史密斯·韦森 No 3 转轮手枪

美国史密斯·韦森 No 3 转轮
手枪打开转轮状态

美国史密斯·韦森 No 3 转轮
手枪的俄订货型

010 最早的燃气自动装填枪械：英国马克沁机枪 ▶▶

英籍美国人马克沁（H.S.Maxim 1840—1916）在英国获得了无需人为操作就能完成抽出射后弹壳，重新装弹、自动击发发射的系列动作，实现自动装填的射击，1883 年 6 月 26 日获得利用后坐力的自动枪专利，专利号为 3178；7 月 16 日获得弹带供弹的专利，专利号为 3493。1884 年 1 月 24日，制造出一挺机枪实物，用的是 14.7mm 底缘黑火药枪弹。

马克沁机枪最重要的创新点是利用火药燃气推动枪管后座的能量，加上利用弹簧的吸收后回放的能量，实现了不用人操作的连续自动射击武器。很快马克沁与艾伯特·维克斯（Albert Vickers）签订了合同，成立维克斯·马克沁公司，生产马克沁机枪，开启了利用火药燃气的自动枪械新纪元。

马克沁机枪的自动射击循环的具体过程是：发射前，枪机与枪管扣合，膛内枪弹一经被击针击发，火药燃气的膨胀力在推动弹丸向前的同时，也推

成员名片

英国马克沁机枪

弹药：黑火药常规枪弹

枪身架构：机匣容装自动机械，枪管尾部浮动于机匣内

自动原理：枪管后坐式

闭锁方式：肘节两臂撑开

供弹方式：帆布弹链

输弹方式：双臂杠杆拨送弹链

枪管冷却：水套

性能特点：第一挺燃气自动装填枪械

动枪机和枪管压缩枪管簧和枪机簧一起后坐 19mm。当弹丸飞出枪口之后，膛内燃气压力降到安全水平时，枪管被卡住不再后坐，枪机与枪管脱开。枪机继续压缩枪机簧后坐，抽出弹壳，并将弹壳移离枪膛轴线，然后沿出壳管向前推出枪外。枪机后坐到后方再由枪机簧伸张推着复进，推送次发枪弹进膛，再次完成闭锁、击发等动作。由于枪机需要完成一系列动作，所需能量很多，在枪管与枪机一起后坐的过程中，还有一个加速器，通过它的作用，把枪管的后坐能量部分传递给枪机，确保枪机有能力完成整个射击循环。如此反复，每秒钟可以循环 10 次左右。实现了人类第一次利用火药燃气能量的自动射击循环。

马克沁机枪创新点如下：

其一，肘臂的自动伸展合拢。开闭锁机构虽是引用前人的肘节式，但去掉了人为操作的参与。温彻斯特 M1866 步枪的肘节闭锁来自 M1860 亨利步枪；亨利步枪的闭锁机构来自 M1854 火山手枪的詹宁斯的设计。但马克沁以前"祖孙三代"的肘节式闭锁机构有着共同特点，肘节的节点都是由射手握持的杠杆控制伸展，肘臂两端撑在身管膛尾与机匣上的固定点之间，膛压作用下两肘臂不能自行合拢，开锁；在马克沁机枪中，这动作

马克沁和他设计的第一型马克沁机枪

的实现靠的是节点落到推力作用线以上，抵住发射时膛内燃气压力，发射后，枪管和肘节机构一起后坐，向后滑动撞击机匣上固定的一个杠杆，使中间节点被撞下降，肘臂收拢，打开枪膛。

其二，加速机构。开锁过程采用了加速机构。温彻斯特 M1866 是管式弹仓供弹，仓内的枪弹一发接一发地被手动推入弹膛，而在此枪中需要连续自动输入弹膛，这个技术难度大得多了。利用枪管后坐实现在机匣内的枪机

与枪管尾端分离，但分离距离满足不了重新装弹所需长度，需要在枪管后退过程中使枪机加速后退，让枪机与枪管拉开足够距离，腾出大于一个枪弹长度的距离空间，才能有重新装弹可能。这就迫使马克沁开创了自动武器中的加速机构。具体结构是在肘节杠杆的主动臂上加上了凸轮，凸轮在后退中撞在机匣上固定的滚轮上，凸轮作为短臂驱动同轴上的长臂，即主动臂顶端的枪机后退更长的距离，让开准备用作装弹的空间长度。

其三，自动输弹。解决了持续向枪内供弹的难题。枪弹装在帆布带上，帆布弹带靠滑板横向牵引，首先进到枪膛轴线上方，然后被枪机从弹链上抽出，向后同时下方运动到枪膛轴线位置，向下挤出前次射后弹壳到预备抛壳位置；枪机复进时一发枪弹被推进膛，一发弹壳被向前推出。马克沁开创了弹链供弹方式，使机枪走上了自动装弹、连发射击之路。当然，顺便也要解决自动排出射后弹壳的问题。这套自动供弹退壳机构是枪械发展史上的一次重大突破，使各种枪械都利用火药燃气实现了自动化装填和连发射击。

其四，连续自动击发。解决了闭锁枪膛后的自动击发难题。此前的枪械击发都是由射手操控的扳机操纵，此枪是在闭锁确实后自行实施击发，击发时机的控制全靠机构逻辑性的联动确保。

其五，用围在枪管外围的水套冷却灼热枪管。解决了连续发射时枪管灼热的难题。枪管过热后会造成弹头初速剧烈下降，更严重的是造成枪管损坏、报废。

概括一下，第一挺马克沁机枪是采用枪管后坐式自动原理，发射14.7mm 口径的黑火药枪弹，肘节式闭锁机构，凸轮式加速机构，双臂杠杆拨弹，帆布式弹带供弹，水套冷却式枪管，枪身重 27.2kg，弹头初速 366m/s。配用的枪架有多种，其中最重的一种巨型三脚架，全枪重 244kg，枪长 1.45m，高 1.07m。第一次射击试验是在 1884 年 1 月 14 日，从 6.4m 长 333 发的弹链上只射出了 6 发。

1887 年，维克斯·马克沁公司在陆续生产马克沁机枪过程中，不断有所改进，1887 年重大改进是由 10mm 以上口径改为无烟火药后的中口径（6.5—7.92mm），此阶段的机枪称维克斯·马克沁机枪。德、英、俄等国从 19 世纪末一直使用到第二次世界大战末。

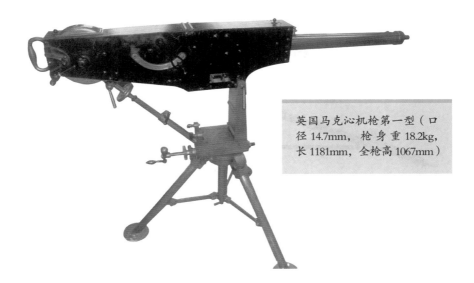

英国马克沁机枪第一型（口径 14.7mm，枪身重 18.2kg，长 1181mm，全枪高 1067mm）

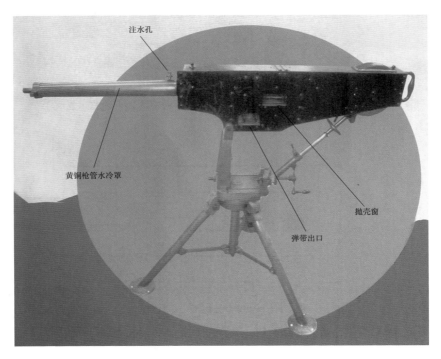

注水孔

黄铜枪管水冷罩

抛壳窗

弹带出口

英国马克沁机枪第一型的左视

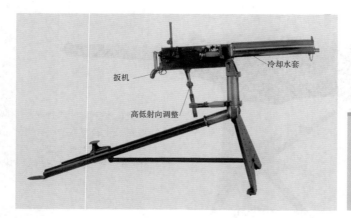

扳机

冷却水套

高低射向调整

英国马克沁机枪1885年型（口径11.4mm，枪身长1168mm，枪管长610mm，表尺射程1372m）

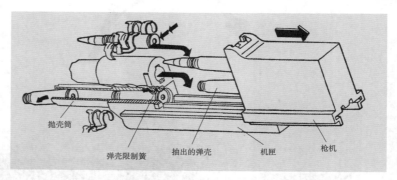

抛壳筒

弹壳限制簧

抽出的弹壳

机匣

枪机

英国马克沁机枪的供弹和向前方抛壳过程（左视）

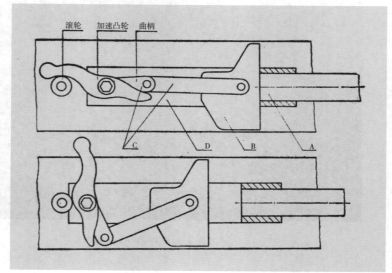

滚轮　加速凸轮　曲柄

C　　D　　B　　A

马克沁机枪的
闭锁加速机构
（右视）

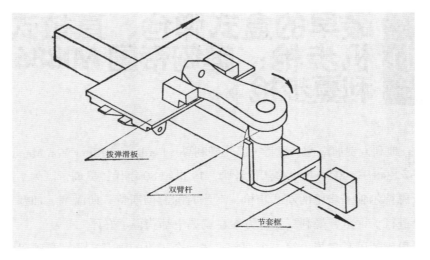

马克沁机枪的输弹机构示意

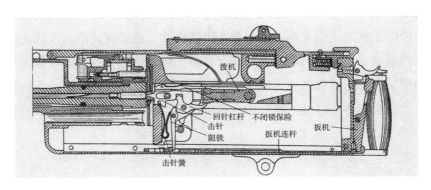

马克沁机枪的击发与发射机构（左视）

011 最早的盒式弹仓、直拉式枪机步枪：奥匈帝国 M1886 曼利夏步枪 ▶▶

奥地利人费迪南德·里特·冯·曼利夏（Ferdinand Ritter Von Mannlicher, 1848—1904）是个多产设计师。19 世纪 80 年代，奥匈帝国为了找到替换沃恩德尔独子步枪的新式步枪，对当时的温彻斯特、斯潘塞、加塞等多种步枪进行了评审，曼利夏多个方案在竞选中都获得了好评。

奥匈帝国是世界上第一个列装匣式弹仓步枪的国家，曼利夏曾以多种多样的匣式弹仓方式探索试验。1885 年，决定采用加拿大籍英裔詹姆斯·帕里斯·李（James Paris Lee，1831—1904）1879 年获得的第二个步枪专利，即直拉式栓动步枪的闭锁方式。曼利夏在机体直动、通过螺旋槽迫使机头回转闭锁机构基础上，加上固定的盒式弹仓和漏夹供弹的机构。用此种漏夹的装填枪弹很简单，先将枪机拉到机匣尾部，露出装弹口，再将装满枪弹的弹夹从机匣上方插入弹仓即可。弹夹插入到位时，弹仓后上方的卡笋便自动将弹夹

⟩成员名片

奥匈帝国　曼利夏步枪

弹药： 黑火药的常规枪弹

枪身架构： 枪托上机匣与枪管固定连接

闭锁方式： 机体直动，通过螺旋槽迫使机头回转

供弹方式： 盒式弹仓

输弹方式： 手动枪机推送

性能特点： 第一支盒式弹仓枪；首创枪机体直动，枪机头部回转实现闭锁的直拉式枪机

固定在弹仓内，同时，第一发枪弹正处于被枪机前推的状态，推枪机即可送弹入膛。弹夹内的最后一发枪弹发射完毕后，再将枪机拉到机匣尾部，露出弹夹，按下扳机护圈后的按钮，弹仓内的弹簧机构便将弹夹从弹仓中弹出。

成员特征参数

奥匈帝国　曼利夏步枪

枪全长：1321mm

枪管长：806mm

全枪重：4.5kg

枪弹：11mm 口径的黑火药枪弹，初速
457m/s

1886 年 6 月 20 日，奥匈政府于决定采用曼利夏所设计的直拉式枪机、漏夹式的盒式固定弹仓步枪，命名为 M1886 步枪。该枪结构的亮点：开拓了机体直线推动、机头上螺旋槽迫使机头回转、实现闭锁的直拉式枪机先河；开拓了漏夹式装弹的盒式弹仓先河。

1888 年前，曼利夏步枪使用奥地利 M1877 沃恩德尔 11mm 黑火药枪弹。1886 年法国装备了勒贝尔无烟药步枪后，奥匈帝国紧跟开发了自己的 8mm M1888 曼利夏步枪和无烟药枪弹。M1886 步枪转换成发射 8mm 枪弹后，定名为 M1888/90 步枪。

奥匈 M1886 曼利夏步枪

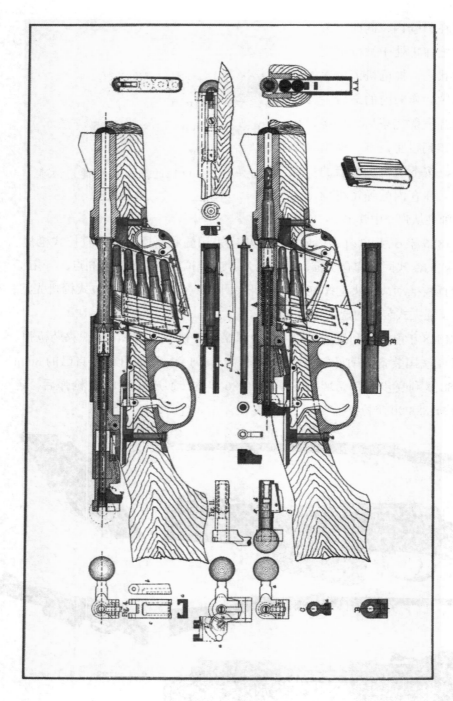

奥匈 M1886 曼利夏步枪剖面结构

012 最早的无烟火药枪：法国 M1886 勒贝尔步枪 ▶▶

18 84 年，法国政府支持下，唯阿耶（Paul Marie Eugene Vieille，1854—1934）研制成功了硝化纤维单基火药。将硝化棉放入乙醚酒精混合液中胶化后搅拌，造出适用于枪上用的粉状硝化棉无烟火药。法军的勒贝尔（Nicolas Lebel，1838–1891）1876 年任步兵营长，后任轻武器训练学校校长，并开始钻研兵器；晋升为中校后，成为新式步枪研制委员会成员。1886年，他利用美国人 BB 哈奇开斯全金属弹壳专利，将唯阿耶的火药首先用在了 8mm 口径的铜弹壳被甲弹头的 8×50.5mm 带底缘枪弹上。委员会将此弹应用到枪栓回转闭锁、管式弹仓的步枪上，经过试制试验，法国军队定型为M1886 勒贝尔步枪，成为世界上第一支无烟火药步枪。装备到部队后，从枪管前端塞入枪弹的方式饱受诟病，同时随着管式弹仓内枪弹数量变化，全枪重心变化影响精度也很烦人。M1886 勒贝尔步枪及其改型步枪共生产了 288万支。

成员名片

法国 M1886 勒贝尔步枪

弹药：无烟火药常规枪弹

枪身架构：枪托上机匣与枪管固定连接

闭锁方式：旋转后拉枪机（枪栓旋转，机柄根部支撑）

供弹方式：管式弹仓

输弹方式：手动枪机推动杠杆进膛

性能特点：世界上第一支无烟火药的枪

成员特征参数

法国 M1886 勒贝尔步枪

枪全长：1295—1303mm

枪管长：800mm

全枪重：4.25—4.3kg

管式弹仓容弹量：8 发

枪弹：8×50.5mm 带底缘枪弹，装药量 2.98g，圆头弹丸 12.8g，初速
　　　700—725m/s

法国 M1886 勒贝尔步枪

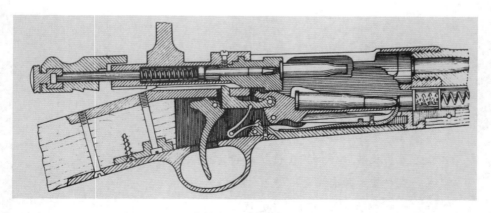

M1886 步枪勒贝尔步枪的结构草图

勒贝尔 8mm 步枪的枪栓后拉到位

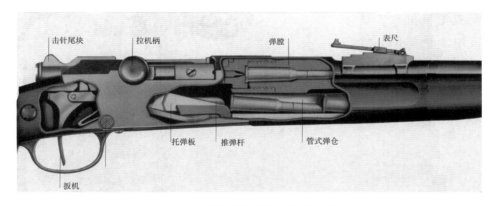

击针尾块　　　拉机柄　　　　　　弹膛　　　　　表尺

托弹板　推弹杆　管式弹仓

扳机

M1886 步勒贝尔步枪的推弹入膛

最早的中口径重机枪：英国 M1887 维克斯·马克沁机枪 ▶▶

1886 年，法国定型了无烟火药的 8×50mm 带底缘枪弹和勒贝尔步枪后，维克斯·马克沁公司立即对马克沁机枪改进设计，改用发射缩小口径的无烟药枪弹，在公司广告册上称为"第一挺完美机枪"。首批是供给奥

M1899 维克斯·马克沁机枪（发射 7.7×56mm 枪弹，枪身长 1080mm，枪管长 673mm，枪身重 27.2kg，表尺射程 2652m）

成员名片

英国 M1887 维克斯·马克沁机枪

弹药：无烟火药中口径常规枪弹

枪身架构：机匣容装自动机械，枪管尾部浮动于机匣内

自动原理：枪管后坐式

闭锁方式：肘节两臂撑开

供弹方式：帆布弹链

输弹方式：双臂杠杆拨送弹链

枪管冷却：水套

性能特点：第一挺中口径重机枪

地利的无烟药 8 × 50mm 的 M1887 维克斯·马克沁机枪，随后造出 7.0、7.5
和 7.7mm 口径的机枪，引导马克沁机枪踏上中口径重机枪之路。英国陆军经
过 5 年多的考察研究，1891 年选定 M1899 维克斯·马克沁机枪和 1903 年定
名的 7.7mm 维克斯·马克沁重机枪作为装备。

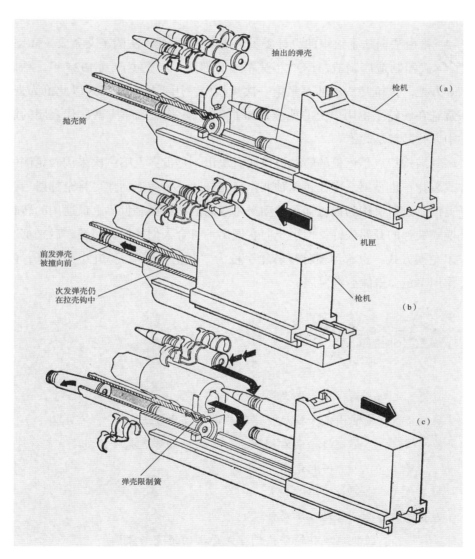

抽出的弹壳

枪机 （a）

抛壳筒

机匣

前发弹壳
被撞向前

次发弹壳仍
在拉壳钩中

枪机

（b）

（c）

弹壳限制簧

英国维克斯·马克沁机枪的向前抛壳机构

014 最早的侧摆式弹巢装填转轮手枪：法国 M1892 转轮手枪 ▶▶

该枪由法国陆军组织的设计委员会 1887 年设计，法国圣艾蒂安（MAS）武器制造厂制造，1892 年法军列装部队，一直生产到 1924 年，总量 17.6 万把。该枪是法国陆军是第一次大战中主用手枪。法国人以此枪为豪，欣赏它在转轮手枪历史上的地位，20 世纪 80 年代法国军方两次代表团的馈赠中方礼品都是此枪。

其结构特点是该枪的转轮可以向右甩出，是世界上第一次采用转轮侧甩方式装弹；也是第一次让转轮轴兼作退壳杆，一个后退动作可将全部射后弹壳退出；发射机构的扳机即可单动又可双动。该枪虽是世界上最通用的转轮外摆式装弹的开路先锋，但由于向右摆出不符合人们的操作习惯，后来都改成了左摆方式，也都习惯称呼转轮手枪为"左轮手枪"。弹丸小初速低，停止作用不足，未能后续发展。

成员名片

法国 M1892 转轮手枪

弹药：无烟火药、中心发火弹

枪身架构：枪管固定于枪底把，转轮向外摆出摆进

装弹与退壳方式：转轮向右侧摆出，转轮轴兼作退壳杆，多发
一起退出

发火方式：击锤打击中心底火

首发扳机功能：双动或单动任选

性能特点：首次实现转轮手枪侧摆式弹巢的退壳与装填

成员特征参数

法国 M1892 转轮手枪

枪全长：236mm

枪管长：116mm

全枪重：0.84kg

转轮容弹量：6 发

枪弹：法国 8×27Rmm M1892 中心发火转轮手枪弹，弹巢长 36mm，
初速 228m/s

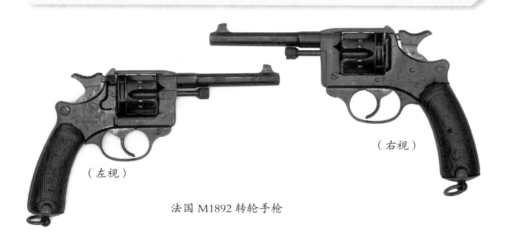

（左视）　　（右视）

法国 M1892 转轮手枪

法国 M1892 转轮手枪（转轮向右摆出）

法国 M1892 转轮手枪（转轮摆出后，
退壳杆可将 6 发弹壳一起推出）

015 最早的自动装填手枪：德国博查特手枪 ▶▶

世界上第一把实用的自动手枪专利是 1893 年 9 月德裔美国人博查特（Hugo Borchargt，约 1850—1921）获得。此前虽有维也纳肖伯格兄弟公司少量制造的约瑟夫·劳曼（Joseph Laumann）自动装填手枪出现，但没有得到批量生产应用。博查特手枪是世界上最早批量生产的自动手枪，到 1899 年停产，生产了 3000 余把。最初的 800 把由路德维希·吕韦公司制造，后来的 2000 多把由德国武器弹药工厂制造。很快在欧洲市场走红，有的国家直接引进，有的改进仿制。

该枪第一个突出贡献是将马克沁机枪自动装填原理应用到手枪上，驱动力来自枪管的后坐，肘节式闭锁机构的肘节收拢三角形的尖顶朝上，与马克沁的尖顶朝下相反；闭锁时肘节伸张放平，肘节点落到推力作用线以下，

成员名片

德国博查特手枪

弹药： 无烟药常规手枪弹

枪身架构： 在握把座上，枪管与机匣一起短距离浮动，枪机在机匣内长距离浮动

闭锁方式： 肘节两臂撑开，使枪机抵紧枪管尾端

供弹方式： 弹匣

首弹上膛： 肘节式枪机复进推送

发火方式： 击针式

自动原理： 枪管后坐式

性能特点： 第一把自动装填手枪

枪机头部紧紧抵住枪弹尾端，密封住枪弹内的燃气压力。发射后，枪管和肘节结构一起后坐，直到肘节点在后方撞到曲线导槽，使肘节后端向下倾斜时，迫使中间节点升高，并压缩复进簧。然后，复进簧伸张，肘节下压，同时从弹匣中推出次发枪弹进膛，闭锁。从此构建了

成员特征参数

德国博查特手枪

枪全长：350mm

枪管长：190 mm

全枪重：1.3kg

弹匣容弹量：8 发

枪弹：无烟火药的 7.65×22mm 瓶颈式手枪弹，初速 410m/s

手枪第一类架构——管退专门枪机式架构，即在握把座上，枪管与机匣一体短距离后坐，枪机在机匣内长距离后坐，完成自动装填的射击循环。

　　该枪第二个特点是在手枪上第一个采用加拿大籍英裔詹姆斯·帕里斯·李（James Paris Lee，1831—1904）的弹匣供弹方式。

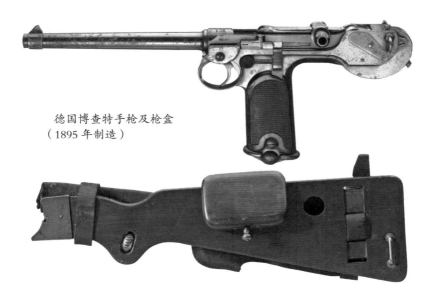

德国博查特手枪及枪盒
（1895 年制造）

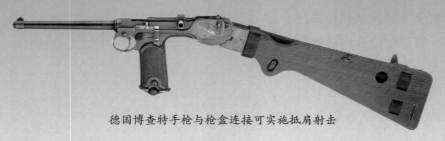

德国博查特手枪与枪盒连接可实施抵肩射击

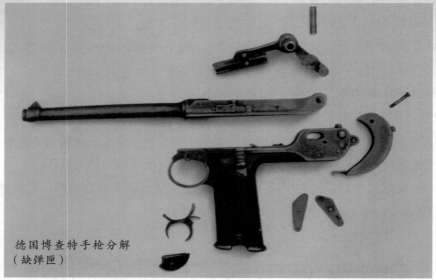

德国博查特手枪分解
（缺弹匣）

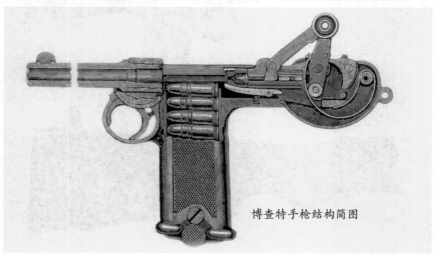

博查特手枪结构简图

德国博查特手枪枪身局部

016 最早的导气式机枪：美国海军 M1895 柯尔特机枪 ▶▶

美国人勃郎宁（John Moses Browning，1855—1926）在 1890 年提出利用从枪管导出的火药燃气能量，实现弹药自动装填的机枪专利，1891 年卖给了柯尔特公司，生产后成为世界上第一挺导气式机枪。1893 年被美国海军试验考核，1895 年决定列装，命名为 M1895 柯尔特机枪。首批订购 50挺，1897 年发到部队，1898 年续订 450 挺。当年海军用此枪参加美西战争，同陆军的加特林机枪并肩作战。该枪也曾在在中国境内被八国联军用于镇压义和团。陆军也曾订购了 100 挺，用于试装，没有正式列装。M1895 机枪曾向意大利、西班牙、俄罗斯、比利时、加拿大、英国等国销售，总共生产了

成员名片

美国海军 M1895 柯尔特机枪

弹药：常规枪弹

枪身架构：机匣容装自动机械，枪管与机匣固定连接

自动原理：导气式

闭锁方式：枪机后端摆动

供弹方式：帆布弹链

输弹方式：旋转链轮

枪管冷却：空气

性能特点：第一挺中口径重机枪、导气式机枪，不需要水冷枪管

25000 挺。

该枪的射击循环机构动作过程：从枪管下方导出的燃气推动活塞下冲，活塞带动锤杆向后下方摆动 170°，锤杆通过铰接的连杆驱动枪机向后开锁、抽壳、后坐、复进、装弹等动作。由于射击过程中，锤杆不断地在枪管下方以 170° 的弧度前后摆动，其动作与土豆挖掘机的铲子动作类似，所以该枪被俗称为"土豆挖掘机"。

成员特征参数

美国海军 M1895 柯尔特机枪

枪身长：1035mm

枪管长：711mm

全枪重：15.9kg，三脚架 27.2kg

布制弹带容弹量：250 发

枪弹：开始使用的是海军 6mm 李式弹药，后来出口有多种口径。理论射速 450 发 / 分

装在警用摩托车上的柯尔特 M1895 机枪

美国 M1895 柯尔特·勃朗宁机枪

美 M1895 柯尔特机枪的锤杆摆动

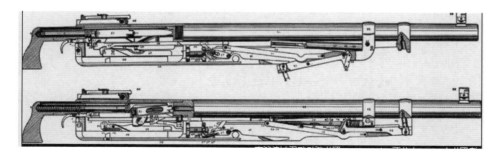

美国 M1895 柯尔特机枪的开锁（上）和闭锁状态简图

017 最早的自由枪机式手枪：比利时 M1900 FN 手枪 ▶▶

美国人勃郎宁（John Moses Browning，1855—1926）1896 年构思出适用小威力枪弹的最简单自动射击循环机构：没有枪机与枪管的强制闭锁，只靠枪机（连接着套筒）的静止惯性和复进簧向前伸张力抵御来发射弹头出膛的反作用的枪机系统。1897 年 4 月 20 日获得专利，首先与比利时 FN 公司签订合同，1898 年 FN 公司完善性改造，1899 年 3 月再获得专利，当年投产，造出 3900 把。1900 年比利时军队首先列装，命名为 M1900 手枪。M1900 手枪在 FN 公司生产了 11 年，生产了 724490 把。

该枪的枪管固连于握把座上，枪弹进膛后，枪机前端面抵紧枪管尾端面，击发发射时弹头向前，弹壳后推枪机向后运动，枪机后坐的同时也带着连接为一体的套筒一起后坐，在长距离后坐过程中抽壳、抛壳，而后再复进，从弹匣内推送次发枪弹进膛，完成一个射击循环。在此循环中，枪机没

成员名片

比利时 M1900 FN 手枪

弹药：常规手枪弹

枪身架构：枪底把上枪管固定，枪机与套筒一起长距离浮动

闭锁方式：套筒（含枪机）惯性

供弹方式：弹匣

首弹上膛：枪机和套筒一起后拉之后复进

发火方式：击针式

自动原理：自由枪机式

性能特点：第一把自由枪机式手枪

有同枪管形成强制闭锁，所以这种自动原理为枪管固定的自由枪机式。这种手枪的架构是两大主件，一件是枪管和握把座的结合体，一件是含有枪机作用的套筒。

德国枪械设计师西奥多·伯格曼（Theodore Bergmann，1850—1931）曾较早地在1896年研制出自由枪机式自动原理的手枪，并有5/6.5/8mm三种口径，生产数量总共不足

成员特征参数

比利时 M1900 FN 手枪

枪全长：163mm

全枪重：630kg

弹匣容弹量：7 发

枪弹：发射两种弹：由勃郎宁本人设计的 7.65mm×17mm 半底缘枪弹（0.32 英寸 APC），弹头重 4.85g，初速 300m/s；7.65mm×22mm 巴拉贝鲁姆手枪弹，弹头重 5.5g，初速 365m/s

5000 把，没有得到军队警察等部门认可。因其生产数目少，人们将勃朗宁视为开创了自由枪机式原理手枪先河（手枪三大原理：转轮、管退、自由枪机）。

新中国成立前，中国上海兵工厂、金陵兵工厂均有仿制，国内颇为流行。因其握把上有个小手枪的图标，曾俗称它为"枪牌"手枪。其中上海兵工厂从 1916–1921 年曾仿制出标准型 66443 把，放大型 2801 把。

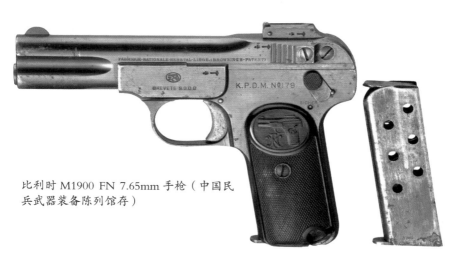

比利时 M1900 FN 7.65mm 手枪（中国民兵武器装备陈列馆存）

比利时 M1900FN 7.65mm 手枪（右视）

M1900 手枪击发后（左图）复进簧前端与枪口齐平，待击时缩入（右图）

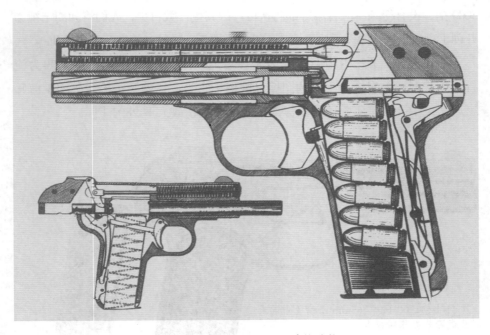

比利时 M1900 FN7.65mm 手枪结构

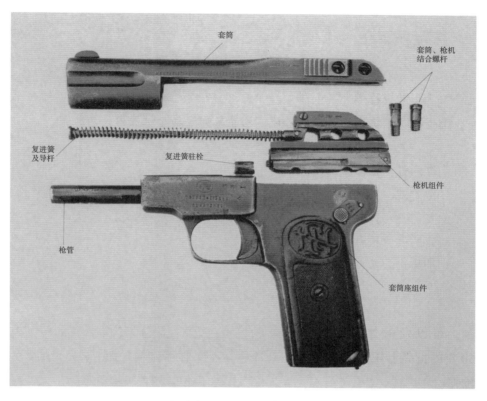

套筒

套筒、枪机
结合螺杆

复进簧
及导杆

复进簧驻栓

枪机组件

枪管

套筒座组件

比利时 M1900FN 大部件分解

018 最早的轻机枪：
丹麦麦德森轻机枪 ▶▶

19 02 年丹麦皇家兵工厂（后改称丹麦工业联合制造厂）造出斯考博（Jens Theodor Schouboe）专利的质量比马克沁机枪轻得多的机枪，以当时积极参加研制的军方采购官麦德森（Vilhelm Oluf Madsen，1844—1917 年）命名，称为麦德森轻机枪。丹麦军队 1904 年开始装备使用。俄罗斯部队在日俄战争中使用，接着被 34 个国家装备使用，少许改动的变型有 41

丹麦麦德森轻机枪

弹药：常规枪弹

枪身架构：机匣容装自动机械，枪管尾部浮动于机匣内，两脚架
连接于枪管套上

自动原理：枪管后坐

闭锁方式：枪机前端下摆

供弹方式：弹匣式

输弹方式：枪机推送

性能特点：第一挺轻机枪

种，可以发射20世纪前50年的世界上任何一种步枪弹。

丹麦麦德森轻机枪

枪全长：1160mm

枪管长：478mm

全枪重：9.6kg

弹匣容弹量：32发

枪弹：初速690m/s

该枪闭锁方式为枪机头部上下摆动，自动原理为枪管后坐式。击发后，枪管与枪机一起后坐时，机匣内壁的曲线槽迫使枪机上的导柱上抬，枪机前端向上摆动开锁；复进时，曲线槽迫使枪机前端下摆而闭锁。由于枪管与枪机一起前后往复运动，共用一个复进簧，枪弹被输弹入膛与抽壳、抛壳动作就非常特殊。这种自动原理的结构方式在现代枪械中已不应用，因为它的射击精度差。

在德国MG34轻重通用机枪出现后，该枪也曾配用轻型缓冲枪架，由于火力不足，未得广泛普及。

丹麦 M1902 麦德森 7.92mm 机枪

中国士兵在演示麦德森机枪（后期）操作动作

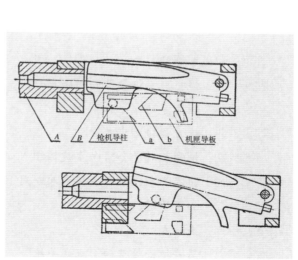

后期配用柔性三脚架的麦德森机枪

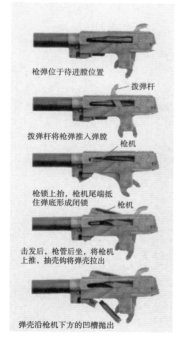

枪弹位于待进膛位置

拨弹杆

拨弹杆将枪弹推入弹膛

枪机

枪锁上抬，枪机尾端抵
住弹底形成闭锁

枪机

击发后，枪管后坐，将枪机
上推，抽壳钩将弹壳拉出

弹壳沿枪机下方的凹槽抛出

麦德森轻机枪的闭锁机构

A　B　枪机导柱　a　b　机匣导板

麦德森轻机枪的闭锁机构原理

019 最早的枪管旋转后坐式手枪：奥匈帝国 M1907 罗斯·斯太尔手枪 ▶▶

19 00 年开始，捷克人卡尔·科恩卡（Karel Krnka，1858—1926）在乔治·罗斯（George Roth，？—1909）设计的基础上研制出一把新手枪，奥地利斯太尔兵工厂和匈牙利布达佩斯轻武器制造厂制造。1907 年被奥匈帝国军队列装，成为世界上大国军队首次列装的自动手枪，命名为 M1907 罗斯·斯太尔手枪，到 1913 年两厂共产 9.9 万多，经历第一次世界大战。南斯拉夫、意大利和捷克斯洛伐克曾有装备，意大利军队装备到 1941 年。

枪管旋转后坐式自动方式，枪管回转闭锁。枪机增大，枪机前端包容枪管尾端，形成回转闭锁关系。实际上，此枪机就是后来手枪的套筒。击针式

成员名片

奥匈帝国 M1907 罗斯·斯太尔手枪

弹药：常规手枪弹

枪身架构：握把座上枪管旋转短距离后坐，套筒（兼有枪机）长距离浮动

自动原理：枪管旋转后坐式

闭锁方式：枪管相对于套筒向左旋转 20°

供弹方式：固定弹仓，散弹直接塞入或用 10 发弹夹

首弹上膛：套筒复进

发火方式：击针式

性能特点：第一把枪管旋转后坐式手枪

奥匈帝国 M1907 罗斯·斯太尔手枪

枪全长：232—243mm

枪管长：128mm

全枪重：1.0—1.1kg

固定弹仓容弹量：10 发

枪弹：8×18mm 罗斯·斯太尔手枪弹，弹头重 7.2g，初速 320—332m/s

击发机构，待机时击针尾部突出枪外一大截。固定弹仓，如同毛瑟 M1896。手枪一样用弹夹压弹，改进之处是也能轻易散弹直接塞入，而在毛瑟 M1896手枪中很困难。

奥匈帝国 M1907 手枪及 8mm 枪弹

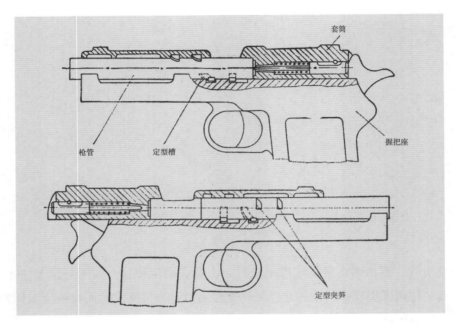

套筒

枪管　定型槽

握把座

定型突笋

奥匈帝国 M1907 手枪闭锁机构

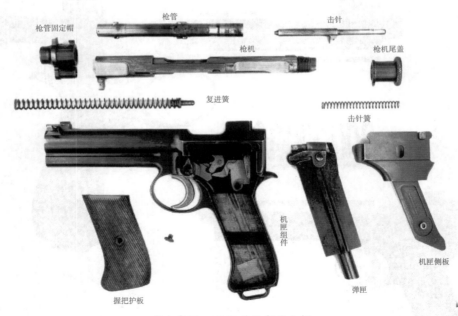

枪管固定帽　枪管　击针

枪机　枪机尾盖

复进簧

击针簧

机匣组件

机匣侧板

握把护板

弹匣

奥匈帝国 M1907 手枪部件分解

020 最早的半自动步枪：墨西哥 M1908 步枪 ▶▶

18 93年，墨西哥炮兵军官曼纽尔·孟德拉贡（Manuel Mondragon，1880—1914）设计出导气式的半自动步枪，本国难于制造，受到政府支持，委托瑞士 SIG 工业公司制造。首批研制的是发射 6.5mm×53mm 枪弹的 50支。1894 年第二批改为发射脱壳 5.2mm×68mm 枪弹的 200 支，枪

成员特征参数

墨西哥 M1908 步枪

枪全长：1150mm

全枪重：4.2kg

弹匣容弹量：8/20 发

枪弹：7mm×57mm 毛瑟枪弹

上去掉了导气装置，改为常规单发和快速两种射击方式，快速射击时，枪机推弹入膛后会自动释放击针发射。经部队试验，两种样枪样弹的试验结果都不佳。第三批定为 7mm 口径，型号定为 M1908，向 SIG 公司订购 4000 支，

成员名片

墨西哥 M1908 步枪

弹药：常规枪弹

枪身架构：枪托上机匣与枪管固定连接

自动原理：活塞式导气

闭锁方式：机体（枪栓）回转

供弹方式：弹匣式

输弹方式：枪机推送

性能特点：第一支半自动步枪

Gun Growth History
枪的成长简史

1911年交付了400支，每支造价160瑞士法郎，相当于非自动步枪的三倍价格。当时墨西哥政府遭到农民革命武装推翻，政权动乱，一共只买了1000支。第一次世界大战中，德国枪支需要量大，应急将其命名为M1915自动卡宾枪，专门补充设计制造了30发弹鼓，发给飞机飞艇乘员使用。墨西哥M1908步枪尽管没有成功，但它仍属于最早被国家定型、开始批量生产的半自动步枪。

墨西哥M1908孟德拉贡半自动步枪

墨西哥M1908孟德拉贡半自动步枪枪身细节

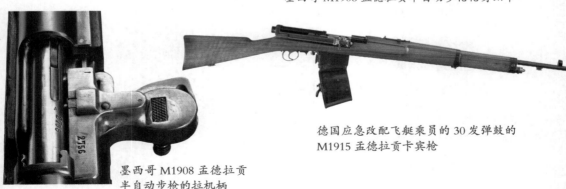

墨西哥M1908孟德拉贡
半自动步枪的拉机柄

德国应急改配飞艇乘员的30发弹鼓的
M1915孟德拉贡卡宾枪

021 最早加上消声器的枪：美国马克沁消声筒 ▶▶

美国人海勒姆·珀西·马克沁（Hiram Percy Maxim，1869—1936）是机枪开拓者海勒姆·马克沁（Hiram Stevens Maxim，1840—1916）的儿子，他在 1908 年 3 月 25 日获得枪用消声器专利，世界上第一个枪用消声器诞生，微声枪械由此拉开序幕。首个消声器用到了霰弹枪上，使射击声大大减小。1912 年，后人加以改进，装在步枪上，制出了最早的微声步枪。后来又制成了微声手枪，供谍报人员和特种部队使用。据说第一批微声手枪生产出来时，当时美国总统的一位好友挑选了一支，准备送给总统。他悄悄带着微声手枪和沙袋进了白宫，不巧，总统正在办公室与别人谈话。于是，这位总统的朋友把沙袋放在办公室外的角落，用微声手枪向沙袋连放 10 枪。当他把还有余热的手枪递给总统时，总统才知道有人在近在咫尺的地方开枪了。总统惊讶不已，并幽默地对朋友说："只有你才能带着这种武器进我的办公室来。要是换了别人，说不定我的脑袋掉了还无人知道。"不过，直到第二次世界大战期间，微声枪才广泛用于实战。

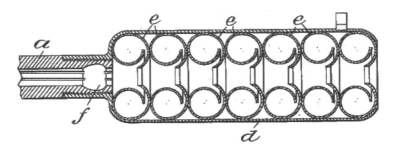

马克沁的消声筒专利图

022 最早用快慢机的枪：意大利 M1914 菲亚特·列维利机枪 ▶▶

意大利罗马人雷维利（Bethel Abiel Revelli，1864—1930）1908 年开始设计了全枪重 12.8kg 的重机枪，菲亚特（Fiat）公司制出样枪，称作"菲亚特—雷维利 M1914 机枪"，广为人知的枪名是"菲亚特 6.5mm M1914 机枪"。意大利军方几次试验，虽然结果满意，但订购犹豫不决，因为意军开始用的都从国外进口，第一次世界大战爆发，才有机会定型列装，使用到第二次世界大战。

这挺机枪的自动原理是非强制闭锁的枪管后坐式；枪管与枪机之间没有强制闭锁约束，枪管后坐 4mm 距离的过程中，枪机下方的凹槽被卡铁强力顶住，巨大阻力延迟开锁，此后卡铁与枪机脱开接触，枪机继续自由后坐，

成员名片

意大利 M1914 菲亚特·列维利机枪

弹药：**常规枪弹**

枪身架构：机匣容装自动机械，枪管在机匣上浮动

自动原理：非强制闭锁的枪管后坐式

闭锁方式：卡铁顶推枪机凹槽斜面，迫使枪机延迟开锁

供弹方式：并列弹仓的鼠笼式弹箱

输弹方式：拨弹滑板拨动"弹仓"横向进入

枪管冷却：水套

性能特点：首次出现快慢机，非强制闭锁的枪管后坐式自动原理

完成退壳等一系列射击
循环动作；开膛待击；
既可连发射击也可单发
射击，首开快慢机的先
河；水套冷却枪管；拉
机柄伸出在机匣后上
方，且有随着枪机往复
运动的缺点。

需要强调一点的
是类似该枪的自动原
理不能说成是半自由枪
机式，因为自由或半自
由枪机的基础是枪管固
定。该枪属于枪管后坐

成员特征参数

意大利 M1914 菲亚特·列维利机枪

枪身长：1029mm

枪管长：597mm

全枪重：不装水时 17kg，三脚架 22.5kg，
含水全枪重 43.5kg

鼠笼式弹箱容弹量：50 发（5 发弹仓并
列 10 排）

枪弹：6.5×55mm 卡尔卡诺枪弹，初速
747m/s，理论射速 450—500 发 / 分。
外贸产品口径为 7mm 和 7.92mm

式原理，绝大多数枪管后坐式枪械的闭锁机构都是强制闭锁，而此枪属于非
强制闭锁的枪管后坐式，闭锁机构具有延迟性。

意大利 M1914 菲亚特·列维利机枪

意大利 M1914 菲亚特·列维利机枪细节

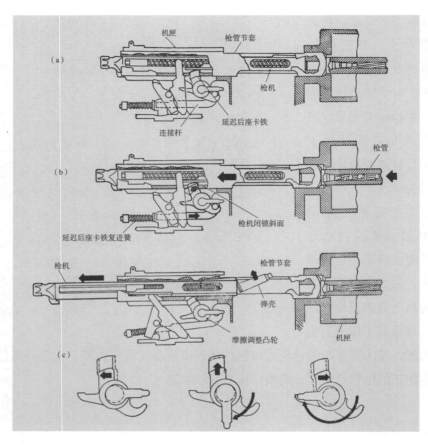

（a）机匣　枪管节套　枪机　延迟后座卡铁　连接杆

（b）枪管　延迟后座卡铁复进簧　枪机闭锁斜面

枪机　枪管节套　弹壳　摩擦调整凸轮　机匣

（c）

意大利 M1914 菲亚特·列维利机枪的自动机射击循环示意

意大利 M1914 菲亚特·列维利机枪的
鼠笼式弹箱

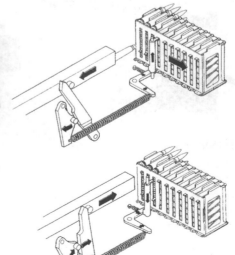

意大利 M1914 菲亚特·列维利机枪的供弹机构示意

023 最早登上飞机的射击机枪：英国 MKI 路易斯航空机枪 ▶▶

机枪在飞机上首次的成功射击是在 1912 年 6 月 7 日，地点是美国马里兰州科勒吉伯特机场，用一架莱特 B 型螺旋桨推进式飞机，机枪是退役上校军官路易斯（Isaac Newton Lewis，1858—1931）的专利机枪。对此枪美国军方没有理睬，他跑到欧洲，被英国定型为 MK Ⅰ 轻机枪列装。

1915 年，英国在陆军 MK Ⅰ 路易斯轻机枪基础上，改进成 MKⅠ 路易斯航空机枪：将抽风筒长度缩到枪口之后，摈弃利用枪口气流的冷却方式，利用自然的飞行气流；枪托改成握把；装上环形表尺。当时，在螺旋桨式飞机上安装机枪，没有设计与螺旋桨的同步机构，为了避免机枪射出去的弹头会与旋转叶片撞击，只能将机枪放在高处，用上了弧形支架，更换装弹鼓时可将机枪拉到射手胸前。

向前方射击的机枪射弹与螺旋桨撞击问题最先由德国人得到解决，将螺旋桨转轴与机枪发射机构通过凸轮传动进行连接。英国接着定型了 MK Ⅱ 路易斯航空机枪，对比 MKⅠ航空机枪作了如下改进：有了与螺旋桨转动的同

成员名片

英国 MKⅠ 路易斯航空机枪

弹药：常规步机枪弹

枪身架构：机匣容装自动机械，枪管固定连接于机匣

闭锁机构：枪机回转式

自动原理：导气式

供弹方式：弹鼓

性能特点：最先登上飞机的机枪

成员特征参数

英国 MK I 路易斯航空机枪

枪全长：990mm

枪管长：600mm

全枪重：7.9kg

弹鼓容量：47 发

枪弹：0.303 英寸 MK Ⅶ 弹药，初速
745m/s，理论射速 600 发 / 分

步机构；弹鼓内的弹盘双层改四层，容弹量由 47 发增加为 97 发；增加了收壳袋，射后弹壳不再危害螺旋桨等；装上环形表尺。路易斯航空机枪 1936 年被维克斯航空机枪所替代。

英国 MK II 路易斯 7.7mm 航空机枪剖视

英国 MK I 路易斯 7.7mm 航空机枪

钱德勒（左）是历史上最早在飞机上实施射击的人

024 最早的冲锋枪（固定枪托、半自由枪机）：意大利 M1915 冲锋枪 ▶▶

18 15 年，意大利人雷维利（Bethel Abiel Revelli，1864—1930）完成 M1914 机枪研制后，接着设计出一支发射手枪弹、枪管比手枪枪管大为加长的双联连发枪，由维拉·派洛沙（Villar Perrosa）兵工厂制造。这种枪是为安装在飞机上使用，样枪出来后人们嫌它威力小，未被空军采用。陆军意外发现较为适合在战壕内、城镇里的战斗，立即得到使用。因为它是世界上第一支发射手枪弹的连发自动武器，成为最早的冲锋枪。该枪在本国因为参加第一次世界大战失利被打入冷宫。但此枪种随后迅速得到普及，在二次世界大战中冲锋枪已在各国广泛使用，战后为警察等特种强力部门青睐。

　　该枪为半自由枪机式自动原理，膛底燃气压力作用到枪机时，枪机被迫后退同时必需旋转，旋转的抗力起到延迟作用，只当旋转 45° 后才能自由后坐，完成抽壳和复进推送次发枪弹入膛等射击循环。射速高的原因是自动机行程只有 40mm，太短；只能连发射击，不能单发。

成员名片

意大利 M1915 冲锋枪

弹药：**常规手枪弹**

枪身架构：**机匣容装自动机械，枪管与机匣固定连接**

闭锁方式：**枪机旋转延迟后坐**

自动原理：**半自由枪机式**

供弹方式：**弹匣**

性能特点：**首次出现的冲锋枪；枪械首次采用半自由枪机式原理**

成员特征参数

意大利 M1915 冲锋枪

枪全长：533mm

枪管长：319mm

全枪重：6.9kg，含两个满 25 发弹匣的全质量 7.26kg

弹匣容弹量：25 发

枪弹：9×17mm 格里森蒂手枪弹，初速 300m/s，单管枪的理论射速
　　　1500 发/分

意大利 M1915 冲锋枪的初型为安装在飞机上使用

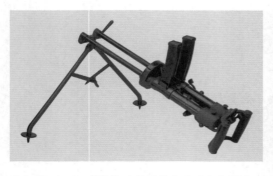

意大利 M1915 冲锋枪（当时曾命名为轻机枪）

意大利 9mm M1915 冲锋枪

025 最早的全自动步枪：美国 M1918 勃朗宁自动步枪 ▶▶

第一次世界大战期间，美国人勃郎宁（John Moses Browning，1855—1926）根据美国军方的指示，研制出了一支单兵使用、发射步枪弹的连发武器，战术任务是支援步兵班内的步枪手冲锋战斗，在战壕战中逞威风。由柯尔特公司制造的样枪出来后，勃朗宁于 1917 年 2 月 27 日在华盛顿国会山上为 300 多名各界代表作了亲手射击表演，并在 55 秒内完成全枪 70个零部件分解与结合。精彩的是还进行了一次蒙眼枪械分解结合，观者目瞪口呆。1917 年 4 月 1 日被美军定型为 M1918 自动步枪。为什么不命名为 M1917？因为美军刚刚定型了 M1917 中型机枪，避免混淆。1917 年 5 月，首批 25000 挺开始生产。当时处于第一次世界大战期间，1918 年 11 月 11 日战争结束时共生产 85000 挺，到 1919 年底，达到了 154125 挺。机枪出厂后最先配备到美国陆军第 79 师，1918 年 7 月该师在法国登陆，勃朗宁的儿子瓦

成员名片

美国 M1918 勃朗宁自动步枪

弹药：常规步、机枪弹

枪身架构：机匣容装自动机械，枪管固定连接于机匣上

闭锁机构：枪机尾端上抬

待击状态：开膛待击

供弹方式：20 发弹匣

自动原理：活塞式导气原理

发射方式：单发或连发

性能特点：第一支投入实战的全自动步枪

尔时任上尉军官，他握紧着爸爸设计的自动步枪在 9 月 13 日与德国人进行了交火。

快慢机是本枪的亮点，它不是枪中的第一，但它是自动步枪中的第一，在后来的自动步枪上得到延续，成为了主要功能构件，解决了精确单发射击与应急连续火力之间的机构上的矛盾。

成员特征参数

美国 M1918 勃朗宁自动步枪

枪全长：1194mm

全枪重：7.3kg

弹匣容弹量：20 发

枪弹：0.30—06（7.62×63mm）枪弹，理论射速 600 发 / 分，初速 855m/s

美国 M1918 勃朗宁自动步枪（定型时没有两脚架）

026 最早的反坦克枪：德国 M1918 T-Gew13.2mm 步枪 ▶▶

19 16 年 9 月，战场上出现了英军坦克后，德国毛瑟兵工厂将 7.92mm M1898 步枪放大成 13.2mm 的反坦克枪，定型为德国 M1918 反坦克枪。1918 年 6 月投入战场。发射 13.2mm×92mm 钢芯枪弹，全弹长 133mm，弹头重 63g，初速 914m/s，枪全长 1702mm，空枪重 17.7kg，枪管长 983mm；200m 距离上能穿透 25mm 垂直钢板。由于后坐力太大，噪声刺耳，射手反映头痛和耳鸣，有人说："一个人只能打两枪，右肩抵住打一枪，左肩抵住打一枪，然后进医院。"尽管如此，到大战结束还是生产了15800支。

接着，英国研制出 MK Ⅰ 博伊斯 14.5mm 反坦克枪，丹麦、芬兰、瑞典、瑞士、苏联等国也研制并装备了自己的反坦克枪。第二次世界大战中，由于装甲的增厚，锥形空心装药的破甲弹出现，此类枪械被淘汰。

成员名片

德国 M1918 T-Gew13.2mm 步枪
弹药：常规大口径枪弹
枪身架构：枪管与机匣固定连接
闭锁方式：枪栓旋转
供弹方式：单发独子
输弹方式：手动枪栓推送
性能特点：第一支反坦克枪

德国 M1918 毛瑟反坦克枪

德国 M1918 毛瑟反坦克枪的枪机打开状态

德国毛瑟 13.2×92mm 反坦克枪弹

027 最早的单手装填自动手枪：德国列格奴塞手枪 ▶▶

德国列格奴塞公司制造出适合小威力枪弹的自由枪机式手枪，图纸源自 1921 年有效期终结的奥地利人维托尔·丘莱夫斯基（Witole Chylewski）专利。其最大特点是单手就能实现首发枪弹的装填射击。直接扣压扳机前护圈向后，带动套筒后退，套筒后退到距离超过弹的长度后，就可复进向前完成装弹动作；再次扣压扳机，呈正常半自动发射方式。虽然具有首发单手装填和类似转轮手一样的排出瞎火弹的功能。但此类首发装填机构只能适合小威力手枪弹，枪弹威力大会使复进簧力加大，手扣扳机、带动套筒后坐会变得困难。

成员名片

德国列格奴塞手枪

弹药：常规手枪弹

枪身架构：枪管固定于握把座上，套筒在握把座上长距离浮动

闭锁方式：套筒惯性

供弹方式：弹匣

首弹上膛：扣动扳机护圈，套筒后退再复进

发火方式：击针式

自动原理：自由枪机式

性能特点：第一把单手装填的手枪

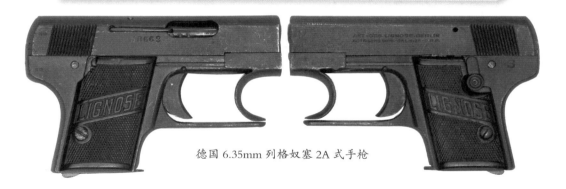

德国 6.35mm 列格奴塞 2A 式手枪

成员特征参数

德国列格奴塞手枪

枪全长：120mm

枪管长：54mm

全枪重：440g

弹匣容弹量：8 发

枪弹：6.35mm×15mm 勃朗宁自动手枪弹

028 最早的实用大口径机枪： 美国 M1921/M2 机枪 ▶▶

成员名片

美国 M1921/M2 机枪

弹药：常规大口径机枪弹

枪身架构：机匣容装自动机械，枪管尾部在机匣内浮动

闭锁机构：枪机被升降块卡住

自动原理：枪管后坐式

供弹方式：弹链

输弹方式：拨弹杆中间轴固定，后端被枪机上曲线槽逼迫横动，
前端拨送弹链

待击状态：闭膛

性能特点：第一挺实用大口径机枪

第一次世界大战期间，在欧洲战场上发现用 7.62mm 口径的机枪难以对付防护能力提高了的装甲车辆、火炮防盾以及单兵掩体等目标。美国人勃郎宁（John Moses Browning，1855—1926）奉命将 M1917 7.62mm 中型机枪应急放大，1918 年 9 月 12 日完成 12.7mm 口径的水冷机枪样品。为了减小枪管后坐力和降低射速，增加一个油压缓冲器，以吸收过大的枪管后坐力，并且使油压缓冲器的油流量可调，射速跟着流量可变；为了防止走火，增加了后阻铁；为了便于双手操作，去掉了 7.62mm 机枪上的单手小握把，改为装在机匣后方的双握把；起初枪管冷却方式仍然沿用 M1917 中型机枪的水冷方式。开始，因为当时温彻斯特公司拉膛线的车床导轨工作长度所限，枪管的长度只有 775mm。开始的 12.7mm 枪弹侵彻威力较小，样枪的枪身枪

架总重量 72.7kg，太重；连发射击时很不稳定，机构动作不可靠。温彻斯特公司彻底改进，并借鉴了刚刚从战场上缴获的德国 13.2mm 毛瑟反坦克枪弹设计思想，研制出新弹后，被列为美军的正式装备，定名为 12.7mm M1921 水冷高射机枪和 12.7mm M1921 气冷航空机枪，装备美军各军兵种。M21 水冷机枪初速 785m/s，理论射速 550 发 / 分，枪身长 1450mm，枪管长 915mm，含水枪身重 50kg。

1926 年勃朗宁病逝，1930 年，后人格林（Green SH）将 M1921 改进成 M1921A1 机枪：增大容水量，实现了能左右两边输入弹链，适应各种车辆上飞机上的枪座。1933 年，柯尔特公司取消油压缓冲器，加重枪管，改成气冷方式，装备于骑兵部队装甲车上，冠名为 M2 机枪。继而柯尔特公司将枪管长由 889mm，延长为 1143mm，枪管变得更重，命名为 M2HB 机枪。"HB"是英文"heavy barrel（重型枪管）"的两个字头缩写。平射配用 M3 三脚架，高射配用 M63 支柱式枪架，车装用 M33 电动枪座。该枪在第二次世界大战中得到广泛使用，战后伴随美军又加入了历次大大小小的局部战争，21 世纪初世界上有 54 个国家列装，至今，估计生产总量在 300 万挺以上。美国大兵们对它很有感情，亲昵地称它为"老祖宗（big mama）"或者"干妈（Ma Deuce）"。"干妈"现年已经高寿 90 多，不仅美国在用，世界上近百个国家也都在用！2011 年 1 月，美军开始使用加上可快速更换枪管（QCB）的 M2 机枪，命名为 M2A1 机枪。

成员特征参数

M2ⅡB 勃郎宁气冷式重机枪

枪身长：1654mm

枪管长：1143mm

枪身总质量：38.2kg，枪架 20kg

枪弹：12.7mm×99mm 枪弹，初速 893m/s，射速 450—550 发 / 分

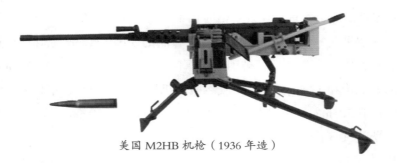

美国 M2HB 机枪（1936 年造）

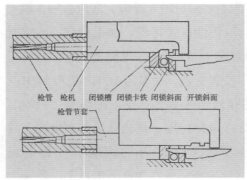

枪管　枪机　闭锁槽　闭锁卡铁　闭锁斜面　开锁斜面
枪管节套

美国 M2 机枪开闭锁机构原理

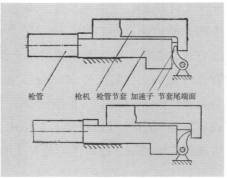

枪管　　　枪机　枪管节套　加速子　节套尾端面

美国 M2 机枪的加速机构原理

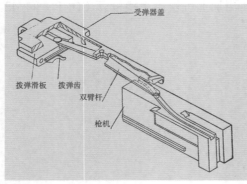

受弹器盖

拨弹滑板　拨弹齿
双臂杆
枪机

▲ 美国 M2 机枪的输弹机构原理

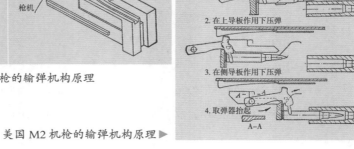

主导板　侧导板　弹簧导片　受弹器盖　取弹器
导柱

1. 取弹
侧导板

2. 在上导板作用下压弹

3. 在侧导板作用下压弹

4. 取弹器抬起
A-A

美国 M2 机枪的输弹机构原理 ▶

最早的冲锋手枪：西班牙阿斯特拉 901/ 902/903 型、皇家Ⅱ型 /MM31 冲锋手枪 ▶▶

成员名片

阿斯特拉 901/ 902/903 型、皇家Ⅱ型 /MM31 冲锋手枪

弹药：常规手枪弹

枪身架构：在握把座上，枪管与枪机导轨一体短距离浮动，枪机长距离浮动

自动原理：枪管后坐式

闭锁方式：卡铁卡住枪机，使枪机抵紧枪管尾

供弹方式：弹匣

首弹上膛：枪机复进推送

发火方式：击锤回转式

首发扳机功能：单动

性能特点：首现的冲锋手枪

19 28 年，应中国军阀需要，西班牙温塞塔公司在阿斯特拉 900 型单发射击的自动手枪基础上增加了快慢机，射击方式可单可连，成为世界最早的冲锋手枪，定名为阿斯特拉 901 型。阿斯特拉 901 型为 10 发固定弹仓，902 型为 20 发固定弹仓，903 型为 10 发或 20 发弹匣；皇家用的是固定弹仓，容量分 10 发 20 发两种。与此同时，西班牙另一家 BH 公司也将 7.63mm 皇家半自动手枪加上了快慢机，变成皇家Ⅱ型冲锋手枪。

德国毛瑟公司见到自己的产品被别人改制热销，立刻抛出了自己加上快慢机的 M1930 冲锋手枪，1931 年首批生产的 4000 把都运到了中国，实际使

用评论不佳。接着对快慢机杠杆修改，定型为 M1932 冲锋手枪，到 1938 年生产总量达 9.8 万把。

西班牙 BH 公司见到德国的正牌驳壳枪升级，又将皇家 II 型冲锋手枪改成了 MM31 手枪。MM31 手枪结构恢复到完全仿制毛瑟型，包括枪机截面改回方形，生产数量约 10000 把都卖到了中国。下面一组照片由中国民兵武器装备陈列馆提供。

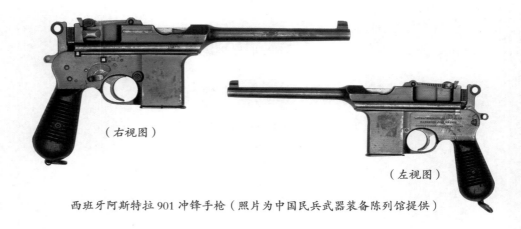

（右视图）

（左视图）

西班牙阿斯特拉 901 冲锋手枪（照片为中国民兵武器装备陈列馆提供）

西班牙阿斯特拉 902 接上枪盒状态

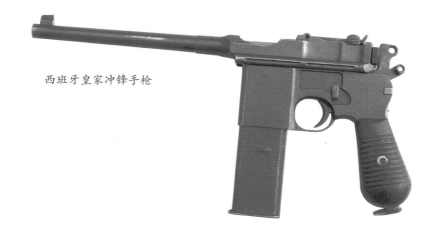

西班牙皇家冲锋手枪

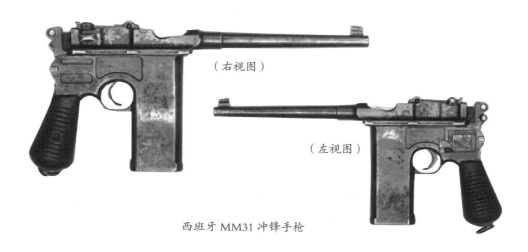

（右视图）

（左视图）

西班牙 MM31 冲锋手枪

030 最早的双动又具动感自动手枪：德国 PP 手枪 ▶▶

成员名片

德国 PP 手枪

弹药：常规手枪弹

枪身架构：枪管固定于握把座上，套筒在握把座上长距离浮动

闭锁方式：套筒惯性

自动原理：自由枪机式

供弹方式：弹匣

发火方式：击锤回转式

首发扳机功能：单动或双动任选

性能特点：在自动手枪上首次实现扳机双动，并具有魅惑世界的动感形态

第一次世界大战后，凡尔赛条约禁止德国生产口径在 8mm 以上、枪管长在 100mm 以上的手枪。瓦尔特公司在许可范围内专攻小威力手枪，1929 年定型了 PP 手枪（PP 是德文 Polizei Pistole 警用手枪的缩写），1935 年，德国军队也作为自卫型手枪列装。仅在纳粹统治时期，PP 手枪就生产了 25 万把。1956 年 7.65mm PP 手枪重新命名为 P21，被德国警察使用到 20 世纪 80 年代。

该枪型采用自由枪机式原理，击锤回转式击发，实现了扳机双动击发，虽然比转轮手枪上的双动扳机晚了 80 年，但在自动手枪领域还是属于头筹，提高了开火速度。该枪的人机工效设计优异，除保险钮都可左右操作、膛内

成员特征参数

德国 PP 手枪

枪全长：170mm

枪管长：85mm

全枪重：682g

弹匣容弹量：7 发

枪弹：7.65mm×17mm 手枪弹，初速 290m/s

有弹显示等外，在外观造型艺术上，将 FN 勃朗宁 M1910 手枪的套筒"屁股"削成斜线，构成主体一致的斜线动感，完成流畅美观创造，受到全世界的欣赏；套筒和握把座等零件首次采用了精致的杜拉铝（硬铝）制造工艺。第二次世界大战期间生产的 PP 和 PPK 手枪，比较粗糙。

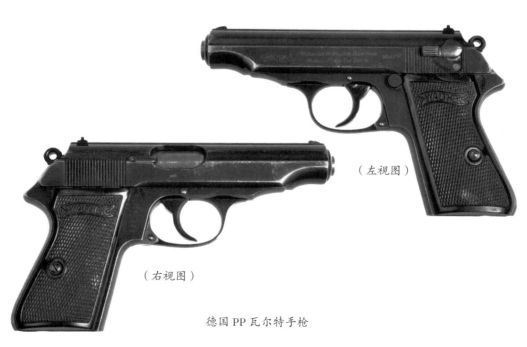

（左视图）

（右视图）

德国 PP 瓦尔特手枪

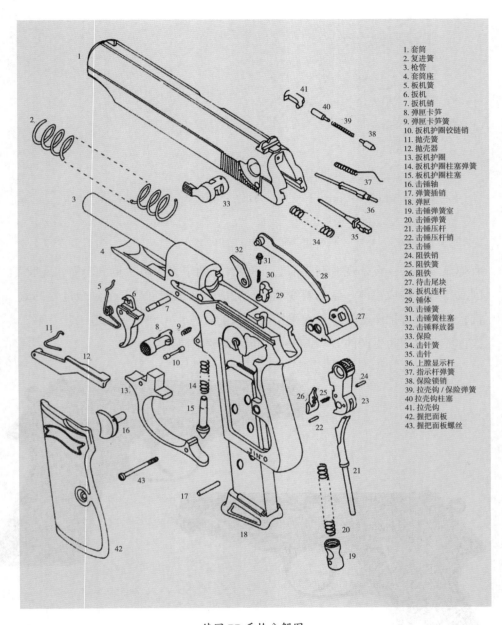

1. 套筒
2. 复进簧
3. 枪管
4. 套筒座
5. 板机簧
6. 扳机
7. 扳机销
8. 弹匣卡笋
9. 弹匣卡笋簧
10. 扳机护圈铰链销
11. 抛壳簧
12. 抛壳器
13. 扳机护圈
14. 扳机护圈柱塞弹簧
15. 板机护圈柱塞
16. 击锤轴
17. 弹簧插销
18. 弹匣
19. 击锤弹簧室
20. 击锤弹簧
21. 击锤压杆
22. 击锤压杆销
23. 击锤
24. 阻铁销
25. 阻铁簧
26. 阻铁
27. 待击尾块
28. 扳机连杆
29. 锤体
30. 击锤簧
31. 击锤簧柱塞
32. 击锤释放器
33. 保险
34. 击针簧
35. 击针
36. 上膛显示杆
37. 指示杆弹簧
38. 保险锁销
39. 拉壳钩 / 保险弹簧
40. 拉壳钩柱塞
41. 拉壳钩
42. 握把面板
43. 握把面板螺丝

德国 PP 手枪分解图

031 最早的轻重两用机枪：德国 MG34 机枪 ▶▶

成员名片

德国 MG34 机枪

弹药：常规步机枪弹

枪身架构：机匣容装自动机械，枪管浮动于机匣与枪管套之内

闭锁机构：枪机回转

自动原理：枪管后坐式

供弹机构：即可弹鼓又可弹链

发射方式：单发或连发

性能特点：第一挺轻重两用机枪

第一次世界大战德国战败，为了防止德国再次挑起世界战争，《凡尔赛和约》限制德国发展军火工业，不准德国生产包括重机枪在内的各种进攻性武器。痴迷重机枪火力的德国人 1932 年开始在瑞士苏罗通轻机枪基础上开发出即可当轻机枪使用又可当重机枪使用的轻重两用机枪—— 7.92mm MG34 机枪。MG 是德文 Maschinengewehr（机枪）的缩写。这是一挺弹鼓（75发鞍形）基础上加上单层杠杆弹链输弹的轻机枪，并配装三脚架。似乎这是一挺空气冷却的轻机枪，质量 12kg，全长 1224mm，不违反凡尔赛条约；但它配有两根备份枪管，两管交换使用，仍可进行连续射击；50 发弹链可以连接成任意长度的重机枪用弹链；架在三脚架上就可以当成重机枪使用了，此时全枪重 31kg。这种机枪成为世界上第一挺两用机枪，或称为通用机枪。MG–34 机枪于 1936 年在德军中正式装备，成为第二次世界大战中德国步兵的主要武器之一。

MG-34 通用机枪，吸取众枪之长于一身，在结构上，快速更换枪管，解决持续火力问题；采用双半月形扳机，可方便地进行单发或连发射击；有独特的供弹机构，有马鞍形弹鼓和弹链两种供弹方式，还可以改变进弹方式，实现可左可右的双向供弹；零部件之间采用销钉连接，便于更换和分解结合；枪托采用塑料制作，耐冲击，射击稳定性好。MG34 式通用机枪的缺点是风沙条件下可靠性差，故障频发；结构复杂，加工也很困难，造价高昂。

成员特征参数

德国 MG34 机枪

枪全长：1224mm

枪管长：627mm

全枪重：12.1kg

枪弹：7.92mm×57mm 枪弹，初速 755m/s，理论射速 850 发 / 分，

战斗射速 200 发 / 分

德国 7.92mm MG34 机枪的轻机枪状态

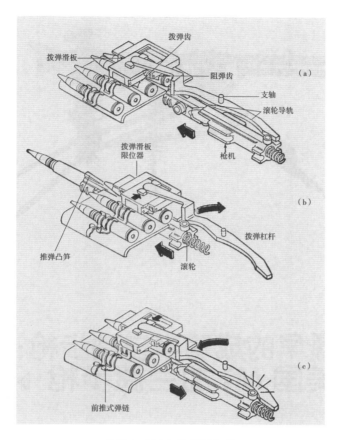

德国 MG34 机枪供弹机构

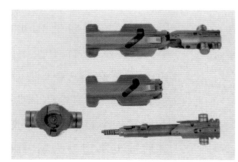

德国 MG34 机枪闭锁机构

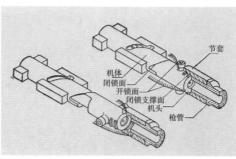

德国 MG34 机枪闭锁机构原理

德国 MG34 重机枪状态

032 最早的成功半自动步枪：美国 M1 加兰德步枪 ▶▶

成员名片

美国 M1 加兰德步枪

弹药：常规步机枪弹

枪身架构：枪托上枪管与机匣固定连接

闭锁方式：枪机旋转式

自动原理：长活塞导气式

供弹：匣式弹仓

性能特点：第一支成功的半自动步枪

步枪实现自动化装填，射手可以专心瞄准击发，一直是许多人梦寐以求的。在墨西哥 M1908 半自动步枪之后，在英国，1915 年莫布雷·G·法夸尔和亚瑟·H·希尔研制出导气式半自动步枪，改进后被英军定型为 M1918 步枪，刚要生产因战争结束而停止。在俄罗斯，著名的费德洛夫（Vladimir Grigorevich Federrov，1874—1942）研制的 6.5mm 半自动步枪，在 1912 年俄罗斯半自动步枪选型试验中名列前茅，称为 M1916 式 6.5mm 半自动步枪，全枪重 5kg。试生产了 150 支试用，故障多，

未能大量装备。十月革命后，1922—1925 年又生产 3200 支，试用效果反映不佳，1928 年全收入仓库。在法国，前面两种半自动未成功的情况下，里贝洛勒（Ribeyrolles）、萨特（Charles William Sutter，1856—1922）和绍沙（Louis Gauchat Chauchat，1866—1942）3 人联合于 1916 年 5 月研制成一种 8mm 半自动步枪，回转式闭锁，导气式原理，5 发弹仓供弹。1916 年造出 1013 支样枪，部队试验后，被法军定型为 M1917RSC 步枪（RSC 三个设计者名字缩写），到 1918 年 9 月生产出 85333 支，部队使用时需要派专业技术能力强手跟踪维修，但还是故障频发。加上一些高层军官认为浪费弹药，曾将导气孔塞上变成手动步枪，未能推广。在捷克斯洛伐克，成功设计 ZB26 轻机枪后的哈力克（Vaclav Holek）也研制出 ZH29 半自动步枪，由于加工复杂且价格昂贵，本国没有装备，只有几千支出口到了中国和埃塞俄比亚。

上述诸枪未能成功，除了机构设计尚未成熟外，还有就是 5kg 以下的轻质量与较大的后坐冲量之间的矛盾难以解决。1917 年勃朗宁研制成功的 M1918 自动步枪可以半自动发射，可以算是全枪重 7.3kg 的半自动步枪，但是太重。而且它的性能是以连发射击为主，属于轻机枪，M1918 自动步枪装备部队 4 年后干脆加上了两脚架，当作轻机枪使用。

美籍加拿大人加兰德（John C. Garand，1888—1974）从第一次世界大

战期间开始研制能够实现自动装填的步枪，1918 年 9 月获得底火后坐式自动原理、枪机回转闭锁的半自动步枪专利，被陆军少量试制生产，定型为 M1919 自动步枪，故障多，未得到使用。但加兰德被美国军械局发现，1919 年 11 月被推荐到了斯普林菲尔德工厂继续他的研发。在那里稍许改进，研制出 T1920 步枪和改用卡铁摆动闭锁的 T1921 步枪，两种样枪都证明了底火后坐式原理的动作可靠性达不到军方要求。历经 3 年折腾，加上借鉴法国 M1917RSC 等外国半自动步枪成果，1929 年 6 月，加兰德也采用了导气式原理，构成 T3 半自动步枪，再经几次改进成为 T3E2 半自动步枪。1936 年被美军列装为 M1 半自动步枪，取代 M1903A1 弹仓式步枪。作为世界上第一支成功的自动装填步枪，是第二次世界大战中最好用的自动步枪。在第二次世界大战期间美国就生产了 650 余万支。

此步枪采用击锤回转式发射机构，半自动发射，8 发漏夹式弹仓，8 发枪弹射击完后漏夹会自动弹出枪外，中间不能续填散弹。

美国 7.62mm 加兰德步枪（上为右视图，下为左视图）

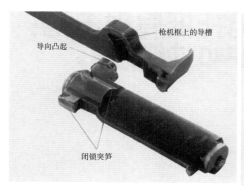

枪机框上的导槽

导向凸起

闭锁突笋

美国 7.62mm 加兰德步枪的枪机

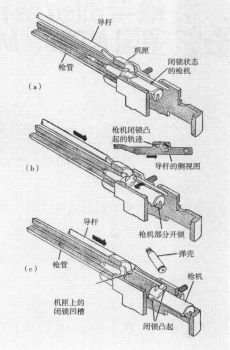

导杆

机匣

枪管

闭锁状态的枪机

（a）

枪机闭锁凸起的轨迹

导杆的侧视图

（b）

导杆

枪管

枪机部分开锁

弹壳

枪机

机匣上的闭锁凹槽

闭锁凸起

（c）

美国加兰德步枪的开闭锁动作

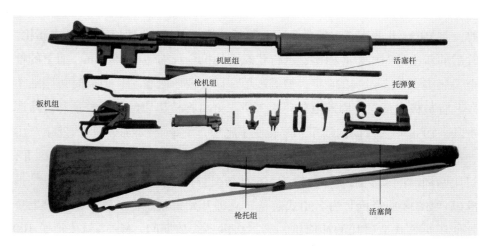

机匣组

活塞杆

枪机组

托弹簧

板机组

枪托组

活塞筒

美国 7.62mm 加兰德步枪分解

033 最早的折叠枪托抵肩射击枪：德国 MP38、MP40 冲锋枪 ▶▶

成员名片

德国 MP38、MP40 冲锋枪

弹药：常规手枪弹

枪身架构：枪管机匣固定连接，枪托相对机匣折叠

闭锁：枪机惯性

自动原理：自由枪机式

供弹：弹匣

枪机待击：开膛

性能特点：在抵肩使用的枪械中首次采用折叠枪托

20世纪 30 年代中期，德国厄尔玛兵工厂的海因里希·福尔默（Heinrich Volmer，1885—1961）认识到缩短枪长对携行机动性的重要，将 MP28 Ⅱ 的木托去掉，改成金属折叠枪托，加小握把等而成一支新枪。改后的新枪与 MP28 Ⅱ 相比，携行状态下的枪全长缩短了 190mm，而下的枪全长还多了 41mm。1936 年，德国装甲部队曾要求装备它，但当时德国陆军一些官员极力反对，因此厄尔玛兵工厂只好将样枪出售给德国警察和边防巡逻队。1938 年 5 月德国陆军总部转变了思想，下令厄尔玛兵工厂火速生产出一种体积小、动作可靠的冲锋枪。时机到了，福尔默再次稍许改进 MP28 Ⅱ，只用两周时间就交出新一轮样枪。6 月初交付德军试验，7 月德军就急忙批准以 "MP38 冲锋枪" 为名正式装备。立即开始批量生产。该枪是世界上首先使用折叠式金属托的冲锋枪，第二次世界大战期间，MP38 就生产了 100 多万支，是第二次世界大战期间生产最多的冲锋枪。第二次世界大战中出现

的美国的盖德、苏联的波波沙冲锋枪都传承了它的枪托折叠优点，战后成了冲锋枪的基本架构，枪托形式分为折叠、伸缩或既折叠又伸缩。

首批 3000 支 MP38 被德军用于 1939 年 9 月入侵波兰，受到坦克兵的赞扬，也暴露出许多问题：保险不可靠，处于前方位置的枪机常因拉机柄偶尔意外钩挂走火，造成德军自身伤亡。1939 年

成员特征参数

德国 MP38、MP40 冲锋枪

枪全长：833/856mm，枪托折叠后
        630/625mm

枪管长：251mm

全枪重：不含弹匣 4.8/4.1kg，32 发
        满匣时 640g

弹匣容弹量：32 发

枪弹： 9mm 巴拉贝鲁姆手枪弹，
       初速 365—380m/s

底，经完善保险功能，把机匣、握把等都改成钢板冲压与铆焊加工，命名为 MP40 冲锋枪。MP40 冲锋枪开启了冲锋枪冲压加工的新时代。后来出现的 MP40 Ⅰ型是采用了两件式拉机柄；MP40 Ⅱ型冲锋枪是进行增大武器容弹量尝试，采用了双匣并联弹匣座，插入配置，当先插入的左边弹匣弹尽时，右边的弹匣稍微向左移动，弹匣口就能对准供弹口，上推后接着射击，使全枪重达到了 5.5kg，太重，未能推广。1940—1944 年 MP40 生产了 103.74 万支。

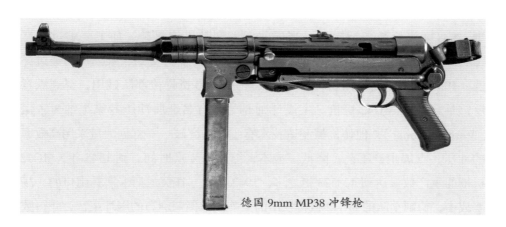

德国 9mm MP38 冲锋枪

1942 年 12 月到 1943 年 1 月，美国在阿伯了试验场对 MP40 系列冲锋枪进行了严格试验，结果表明，该枪性能良好，尤其射击精度较高。难怪此枪在第二次世界大战期间赫赫有名，20 世纪 60 年代仍被一些国家采用。

德国 9mm MP40 冲锋枪

034 最早大量采用冲压件的机枪：德国 M42 通用机枪 ▶▶

MG34 机枪装备德军后，当局就意识到其机构复杂、加工要求过于严格，价格居高不下，需要进行更新研制。任务交到 3 家公司，经过评选，1939 年格罗斯夫斯公司获胜，又经过 1500 挺样枪部队试用，得到满意反馈后定型为 MG42 机枪。主设计师是德国有名金属冲压专家维纳·古诺（Werner Gruner），他使枪械制造技术有了新的突破——首创大量采用高效率的冲压、点焊生产工艺，降低了成本，缩短了生产时间。到 1945 年，MG42 机枪的生产数量达到 408323 挺之多。1942 年秋，在突尼斯卡塞林山口的一场恶战中，德国军队的 MG42 机枪发出的一阵阵像撕亚麻布的震耳声音，吓得数

成员名片

德国 M42 通用机枪

弹药：常规步机枪弹

枪身架构：机匣内容装自动机械，枪管在枪管套和机匣内浮动

闭锁机构：枪机上的对称滚柱撑开

供弹机构：弹链

自动原理：枪管后坐式

发射方式：连发

性能特点：最先大量采用冲压件的通用机枪

千名美国兵胆战心惊，连声惊呼：这挺枪真厉害！失去了战斗能力，约 2400 名美国年轻士兵在 MG42 机枪的震慑下举手投降。

结构上，采用枪管短后坐自动原理，闭锁动作采用两个滚柱撑开与收拢实现，当枪管和枪机后坐时，机匣上的开锁斜面迫使滚柱向内靠拢，滚柱则挤压枪机楔形前部，使机体加速后坐，直到滚柱两端脱离支承面，实现枪机开锁；当机头进入节套、即将复进到位时，楔铁前部斜面使滚柱向外运动进入节套内的闭锁槽内，实现闭锁。此种机构可大为减少开闭锁过程中的摩擦阻力和磨损。枪管复进簧采用先串联后并联的特殊方式，缓冲效果好。枪口装置有着加速枪管后坐的助退功能。持续射击后能快速更换枪管。MG42 的供弹机构设计得非常成功，枪机往返通过斜向导轨带动拨弹滑板横向运动，采用枪机后坐和复进都能拨动弹链的双程拨弹方式，使拨弹动作耗能少，动作平稳，供弹故障减少。20 年后的美国 M60 机枪和比利时 MAG 机枪仍然采用了这种机构。作轻机枪用时全枪重 11.6kg，使用两脚架、50 发装的弹链鼓，避免过长的弹链影响携行前进。作重机枪用时全枪重 19.2kg，使用三脚架、250 发的弹链，由 5 个 50 发一节的弹链连接而成。三脚架以地面瞄准射击为主，也能高射，并配有高射环形缩影瞄准具。

Gun Growth History

枪的成长简史

成员特征参数

德国 M42 通用机枪

枪身长：1220mm

枪管长：533mm

枪弹：7.92mm×57mm 毛瑟机枪弹，初速 755m/s，理论射速 1100–1200 发/分

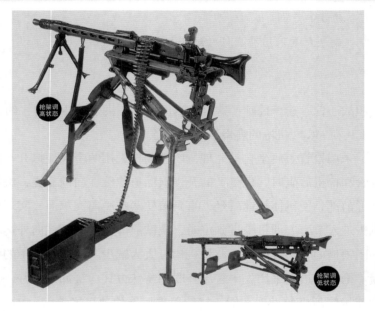

德国 MG42 机枪的高架和低架状态

德国 7.92mm MG42 机枪

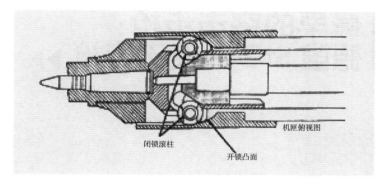

闭锁滚柱　开锁凸面　机匣俯视图

德国 MG42 机枪的枪机复进闭锁

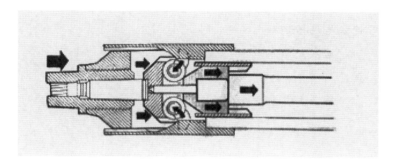

德国 MG42 机枪的枪管后坐推动枪机加速后退

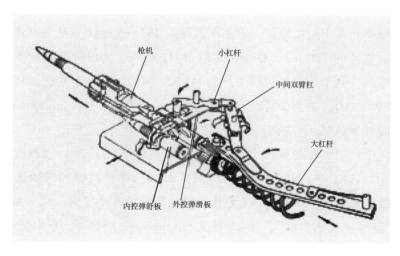

枪机　小杠杆　中间双臂杠　大杠杆　内控弹舒板　外控弹滑板

德国 MG42 机枪的输弹机构

035 最早的突击步枪：德国 StG44 突击步枪 ▶▶

成员名片

德国 StG44 突击步枪

弹药：介于手枪与步枪中间大小的常规枪弹

枪身架构：机匣容装自动机械，枪管固定于机匣上

闭锁：枪机尾端抬起

自动原理：活塞式导气

供弹：弹匣

性能特点：第一支突击步枪

第二次世界大战中，德国人认识到：对单兵火力而言，发射手枪弹冲锋枪的连发火力威力不足，发射步枪弹的步枪单发火力威力过分，启发人们想要开发中间型枪弹。德陆军武器局 1938—1941 年从 3 家弹药公司中选中波尔特的 7.92mm×33mm 短弹。1942 年两个公司分别制造了发射这种弹的样枪，一个是黑内尔兵工厂的 MKb42（H），另一个是瓦尔特公司的 MKb42（W）。MKb 是德文自动卡宾枪的缩写，全称叫"Maschinenkarabiner"，这是当时德国人的习惯称呼，实际就是突击步枪，括号里的"H"和"W"分别是两个公司名称的第一个字母。两家厂商各生产了 7800 支投放到苏德战场使用。1943 年 1 月—1944 年 12 月，武器局综合两家的样枪优点到一起，定型了威力比冲锋枪大、重量比轻机枪轻的新式连发枪，命名为希特勒喜好的"StG44 突击步枪"，StG 是德文 Sturmgewehr 的缩写，意为突击步枪。1943—1945 年生产初型枪和定型枪共 425977 支。这支新枪是步枪和冲锋枪

间的美满婚配，在有效射程内既有步枪的精确单发火力，也有冲锋枪的密集连发火力，代表了步枪的新趋势。

1941 年美国定型并装备使用的 M1 卡宾枪发射小威力 7.62mm 枪弹，比早期步枪轻便灵活、火力猛，也比冲锋枪的射程远、弹头能量大，是否属于突击步枪？不是，因为它的设计本意是作为非步兵的辅助战斗人员用枪，所以称卡宾枪。德国 StG44 步枪尽管出现晚，因它是作为步兵主用武器，所以它是世界上第一支突击步枪，1941 年的美国 M1 卡宾枪不是第一支突击步枪。

成员特征参数

德国 StG44 突击步枪

枪全长：950mm

枪管长：410mm

全枪重：4.6kg

弹匣容弹量：30 发

枪弹：7.92×33mm 短弹

（右视图）

（左视图）

德 7.92mm STG44 突击步枪（上为右视图，下为左视图）

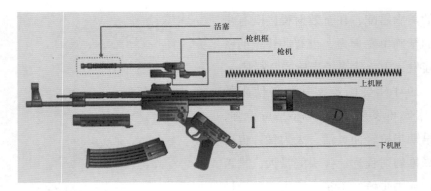

德国 STG44 突击步枪分解

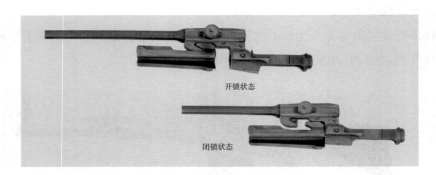

德国 STG44 步枪的开闭锁机构

036 最早的小口径步枪：美国 M16 步枪 ▶▶

从 1952 年开始，美国霍普金斯大学运筹研究室应美国陆军要求，总结第一次、第二次世界大战及朝鲜战争资料，历经 10 年得出结论：一线士兵枪械在 100m 内开火的情况约 30%，200m 内约 72%，300m 内约 88%，400m 内 92%，于是得出的结论是：步枪的最大有效射程 300m 就够了，弹药威力应以满足 300m 内为主，第二次世界大战后普遍使用的 7.62mm 口径、

成员名片

美国 M16 步枪

弹药：常规小口径步枪弹

枪身架构：枪管与机匣固定连接，机匣容装自动机械

闭锁方式：枪机旋转

自动原理：导气管式导气原理

供弹方式：弹匣

性能特点：首次小口径，开辟了铝合金在枪械上应用先河

10g 左右弹头的枪弹威力过大，再就是提出齐射概念可以减少射击误差的理论。于是，在此理论指导下，诸多美国院校、工业研制部门竞相兴起减小步枪弹药威力研究。1957 年美国陆军步兵局下达研制小口径步枪任务，1958 年斯通纳（Eugen M Stoner，1923—1996）将他 1956 年研制成功的 7.62mm AR10 民用步枪改制成了发射 5.56mm 小口径枪弹的 AR15 步枪，并首先采用了铝合金的机匣和弹匣等部件。1962 年 5 月空军订购 8500 支 AR15、随后陆军也采购 1000 支，送往越南战场部队试验。试验后反映小子弹能带来毁灭性的伤痛，杀伤力大。1963 年 12 月，美国防部同意厂家将枪弹的 IMR4475 单基管状发射药改成为 WC846 球状双基发射药，并将 AR15 命名为 M16 步枪，订购了 104000 支试用，其中陆军 85000 支，空军 19000 支。1965 年订购 30 万支，换掉 M14 步枪。在越南战争中，手拿笨重的 7.62mm M14 步枪的美国大兵与握持中间型枪弹的 AK47 步枪的越南兵的对拼形势，迫使美军全面迅速地实现了步枪小口径化。美国军队成为世界上最先采用高初速、弱后坐、轻量化的小口径突击步枪的军队。

M16 步枪采用导气管式自动原理，其导气装置与以前步枪不同，没有活塞组件和气体调节器，采用的是导气管——枪弹被击发后，火药气体经导气孔高速进入导气管，直接进入机框的气室，急剧膨胀燃气推动机框向后运

动，机框走完了自由行程，其上
的开锁螺旋面与枪机闭锁导柱相
互作用，使枪机右旋开锁，而后
机框带动枪机一起继续后退，完
成抛壳等一系列动作。击发机构
为击锤回转式，击针没有击针簧。
发射方式为单发或连发，快慢机
柄有单发、连发和保险3个位置。
扳机护圈可向下打开，便于士兵
戴皮、棉手套时射击。

成员特征参数

美国 M16 步枪

枪全长：990mm

枪管长：508mm

全枪重：带 20 发空弹匣 3.2kg

弹匣容弹量：20/30 发

枪弹：5.56mm×45mm 枪弹，弹
头重 3.52g，初速 990m/s

美国 M16 步枪（早期型）

美国 M16 5.56mm 步枪

美国 M16 5.56mm 步枪局部剖面

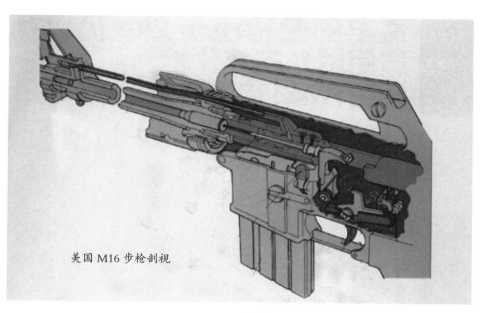

美国 M16 步枪剖视

上机匣

下机匣

美国 M16 步枪的分解

枪管　导气管　枪机　枪机框　机匣

自动机在前方位置

自动机在后方位置
美 M16 自动步枪自动原理

美国 M16 步枪的气吹式导气自动原理

弹头壳

弹头

铅心

弹壳

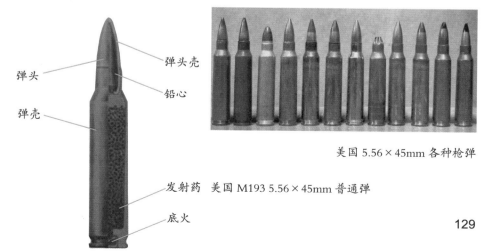

美国 5.56×45mm 各种枪弹

发射药　美国 M193 5.56×45mm 普通弹

底火

129

037 最早的空枪小于 2kg 仍以抵肩使用为主冲锋枪：波兰 PM63 微型冲锋枪 ▶▶

  成员名片

波兰 PM63 微型冲锋枪

弹药：常规手枪弹

枪身架构：枪管与机匣固定连接，枪托相对机匣伸缩

闭锁：枪机惯性

自动原理：自由枪机式

供弹：弹匣

枪机待击：开膛

性能特点：在抵肩使用的枪械中首次将全枪重减少到 2kg 之下

PM 是波兰文 Pistolet Maszynowy 的首字母缩略词，全写的词义是"冲锋手枪"，相当于英文的 Machine Pistol。该枪又称 Wz63，"Wz"是波兰文 Wz ó r 的缩写，意为型号。20 世纪 50 年代末，俄裔波兰籍维尔涅威茨教授（Piotr Wilniewiez，1887—1966）根据波兰军方提出的战术技术要求设计，1963 年年底—1964 年年初造出 20 支样枪，1967 年开始批量生产。70 年代波兰 Cenzin 公司改进 PM63，发射 9mm 巴拉贝鲁姆弹，命名为 PM70 冲锋枪。到 1977 年生产了 7 万多支 PM63。

该枪除了全枪重减到 2kg 之下以外，另一个特点是扳机特殊，轻扣扳机，半自动射击；重扣扳机，全自动连发射击。枪口的前下方有一个向前延伸的突出槽形件，此件构思独特，发射时可以充作枪口防跳器，提高射击精度；在紧急情况下，如果射手一手负伤，或在某种战斗环境中需用一手支持身体时，可用于单手装填，操作方法是将此槽形件抵在硬物（墙壁、石头、树干等）上前推全枪，即可首发装填呈待发状态。

成员特征参数

波兰 PM63 微型冲锋枪

枪全长：607mm，枪托折叠后 333mm

枪管长：152mm

全枪重：带 25 发空弹匣 1.8kg

弹匣容弹量：15/25 发

枪弹：9mm × 18mm 的马卡洛夫手枪弹，初速 325m/s，射速 600 发/分，有效射程可达 150m

（左视图）

（右视图）

1963 波兰 PM63 冲锋枪

038 最早的步枪下挂榴弹发射器： 美国 M203 枪挂榴弹发射器 ▶▶

成员名片

美国 M203 枪挂榴弹发射器

弹药：高低压药室型榴弹

基本架构：发射管上方安排挂架

闭锁方式：身管后退锁住

供弹方式：手工塞入

性能特点：在步枪上首次实现点面结合的杀伤方式

美军在越南战争中，发射 40mm 榴弹的 M79 榴弹枪填补了手榴弹与迫击炮之间的火力空白，解决了枪榴弹操作使用麻烦之苦，但也带来了专职的 M79 榴弹兵没有 30m 内趁手武器和在打完 18 发携行弹药之后变成"多余"战斗人员的双重困惑。柯尔特公司应陆军要求，由卡尔·刘易斯设计，1964 年 5 月推出能加挂在 M16/M16A1 步枪下方的枪挂榴弹发射器样品，1965 年 5 月被美陆军命名为 XM148 榴弹发射器。

该发射器结构简单，由前后滑动的线膛发射管、机匣、支架和瞄准具组成。身管外套为机匣，机匣的下方开有长口。推发射管向前，管后腾出大于弹长的空间，可从管尾塞入榴弹，后拉发射管，管尾与管座相抵形成闭锁；扣动扳机，击针前冲发火。

1967 年 4 月开始在越美军的 12 个作战单位试用，反馈结论是点面杀伤结合方式肯定，操作使用不便。7 月，陆军启动改进方案招标，7 家公司竞标，1968 年 8 月，AAI 公司提出的方案获得认可，命名为 XM203 榴弹发射器，首批订货 600 具，1969 年定型为 M203，仍然由柯尔特公司生产。过渡性的 XM148 为后来美军大量装备 M203 榴弹发射器和世界各国跟踪研制装备各种枪挂榴弹发射器开辟了先河。M203 榴弹发射器已在 30 多个国家使用。装备于步兵班，每班两具，榴弹兵除携带 200 发 5.56mm 枪弹外，需要再带 40mm 榴弹 18 发。

M203 发射器的弹药 40mm×46mm 半凸缘壳底，全质量 1.36kg，全长 388mm，发射管长 254mm，发射 40mm×46mm 榴弹，初速 71m/s，最大射程 375m。主用弹为 M406 杀伤榴弹和 M433 杀伤破甲弹，初速 76m/s，射程 400m，杀伤半径 5m，弹头重分别为 228g 和 230g，M433 的破甲深度为 51mm。

美国 XM148 榴弹发射器挂在 M16A1 步枪下

美国 M203 榴弹发射器挂在 M16A1 步枪下方

美国 40mmM203 枪挂榴弹发射器（早期与步枪固定连接）

美国 40mmM203 枪挂榴弹发射器（晚期通过结合座与步枪联接，无需工具装卸，与各种步枪适应性由结合座解决）

M406 低速杀伤榴弹外貌

M433 低速杀伤破甲榴弹外貌

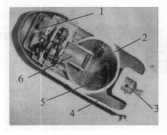

1.M551 瞬发引信 2.球形钢件 3.排气孔内为高压室 4.低压室 5.内装式炸药 6.内装传爆药

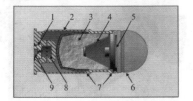

1.底塞 2.M118 弹壳 3.A5 式炸药 4.铜制药型罩 5.传爆装置 6.M550 弹头发弹底起爆引信 7.弹带 8.M9 发射药

美国 40mm×46mmM406 低速杀伤榴弹　　　　美国 M433 低速榴弹

美国 M4 步枪及枪挂 M203 榴弹发射器

039 最早的适合车装的机枪：苏联 NSV 重机枪 ▶▶

成员名片

苏联 NSV 重机枪

弹药：常规大口径枪弹

枪身架构：机匣容装自动机械，枪管固定连接于机匣

闭锁方式：锁块横移式枪机

自动原理：导气式

供弹方式：弹链

输弹方式：机框拨动杠杆，弹链输弹

待击方式：开膛

性能特点：第一挺适合车装的大口径机枪

伴随着 1916 年 9 月 15 日 49 辆英国坦克首次出现在索姆河战场，机枪就登上了坦克。随着坦克和各种装甲运输、装甲侦察和装甲战斗车辆发展，车装机枪成了一类。第一、第二次世界大战中这类机枪都是陆用携行机枪简单改装后上车。战后，美国为了解决陆用机枪机匣太长、不适合车内或车顶狭小操作空间、上车机枪需要左右双向供弹、车内方便更换枪管、射后弹壳不得乱跳等问题，曾专门研制出 12.7mm M85 装甲战车机枪和 7.62mm M73 坦克机枪，以及 M73 改进型 M219 坦克机枪，经过部队使用遭遇故障繁多而撤装。真正适合车装是 1969 年从苏联开始的 NSV 机枪。

苏联 3 位设计师尼根基（Nikitin GI，1905—?）、萨卡洛夫（Sokolov JM，1929—?）和沃尔科夫（Volkov VI，1921—?）1961 年完成了适应上车需要的第一轮机枪样枪，1969 年定型，1972 年装备。命名为 NSV 12.7mm 机枪，3 个字母代表 3 位主设计人员名字的首字母。

该枪采用导气式工作原理，闭锁机构采用锁块整体左右横移方式，带动开闭锁的机框与锁块采用四连杆平行结构，枪机框、枪机、活塞平时铰接在一起，枪机和枪机框形成平行四连杆机构。枪机上有两个支耳环，分别套在枪机框的相应轴上，枪机可以绕其回转。该枪采用枪机偏转式闭锁方式，闭锁时，枪机和枪机框开始共同复进，枪机上部的闭锁凸笋和闭锁启动凸笋分别被机匣上右侧的两个启动斜面作用向左偏移，使枪机闭锁凸笋同机匣上的闭锁凸笋相配合实现闭锁。然后枪机框撞击击针，击发枪弹底火。击发后，通过导气孔的火药燃气推动活塞向后运动，枪机框带动枪机向后运动时迫使枪机向右偏移，闭锁凸笋脱离机匣限制，实现开锁。这种闭锁方式使得枪机和机匣长度最短，适合车装；另外，抛壳方式采用最初马克沁机枪那样与枪管平行向前抛出的方式，没有横向抛壳窗，既减少了燃气的后泄量，也免除了常规抛壳在车体内的造成的麻烦，也适合车装机枪。由于机框、枪机、活塞都铰接在一起，枪机组件质量大，射击循环中前后撞击剧烈，射弹密集度不佳是它的缺点。

当然，该枪也能作为地面携行机枪使用，分高射和平射两种。高射枪架称 6Y6。1970 年 4 月，进行工厂试验，1971 年进行靶场试验，1972 年 3 月—

4 月部队试验。通过这些试验，1973 年开始列装。6Y6 高射枪架和机枪，加上 70 发弹的弹箱总重 92.5kg。该枪架有高射和平射两种射击状态，配有准直式高射瞄准镜和平射瞄准镜。主要用于打击 1500m 内的航速 300m/s 的空中目标。为了方便高射，配有射手座椅，可由脚踏或手动击发射击。平射枪架为 6T7。装在该枪架上的机枪称为 NSVS 平射机枪，用于对付 800m 内的轻装甲目标和 1500m 内的火力点和土木工事，以及 2000m 内的有生目标。6T7 平射枪架是苏联第一批生产的无轮大口径机枪架。在野战状态下，两名射手就可以搬走。这种枪架不能实施高射，也没有高射瞄具。20 世纪 70 年代以来，苏军将 NSVS 平射机枪装备到了摩步连属机枪排，每连 3—6 挺，全营 9—18 挺。

装在坦克的 NSV 机枪叫 NSV-12.7，在苏联的 T-64，T-72、T-80 等坦克上特别显眼。其高低射角为 -5°—+ 75°；对空中目标射程 1500m，对地面射击距离 2000m。

成员特征参数

苏联 NSV-12.7 重机枪

枪身长：1560mm

枪管长：1100mm

枪身重：25kg，枪管质量 9kg，满装 50 发弹链箱质量 11kg

枪弹：12.7mm×108mm 各种枪弹（主要是 B-32 穿甲燃烧弹、B-44 穿甲燃烧曳光弹），初速 840-860m/s，战斗射速 80—100 发 / 分。表尺射程 2000m

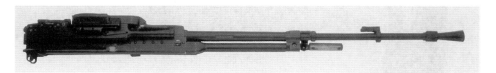

苏联 NSV12.7mm 重机枪车装型

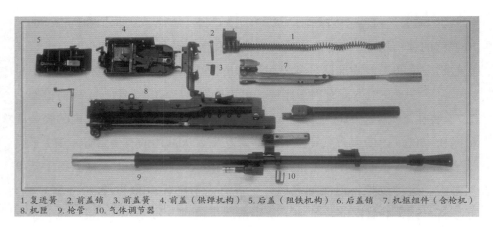

1. 复进簧　2. 前盖销　3. 前盖簧　4. 前盖（供弹机构）　5. 后盖（阻铁机构）　6. 后盖销　7. 机框组件（含枪机）
8. 机匣　9. 枪管　10. 气体调节器

苏联 NSV12.7mm 重机枪枪身分解

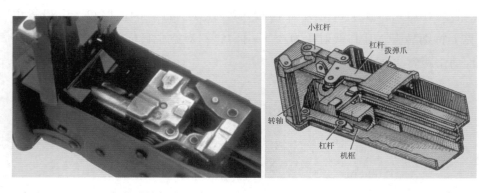

苏联 NSV12.7mm 机枪的枪机向右滑动后后退　苏联 NSV12.7mm 重机枪的供弹机构示意

苏联 NSV12.7mm 重机枪地面型

苏联 NSV12.7mm 的枪机

苏联 12.7mm KORD 机枪的高射状态

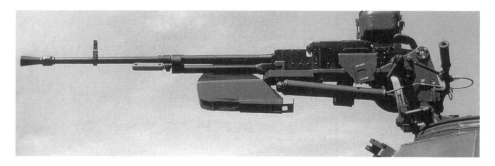

苏联 NSV 机枪在 T74 坦克上

040 最早的水下手枪: 苏联 SPP-1 水下手枪 ▶▶

成员名片

苏联 SPP-1 水下手枪

弹药：长箭形弹头的枪弹

枪身结构：四个独子枪身并联于枪底把上

闭锁机构：膛底被抵并人工卡死

待击方式：击针式，闭膛待击

性能特点：第一种水下手枪

苏联克里莫夫斯克精密机械研究所研制，苏军 1971 年定型了 4.5mm 水下手枪。由于水的密度是空气的 800 倍之多，普通枪支在水下发射，其弹头不会直飞向前，而是无规律地乱飞。蛙人部队使用枪支，最大的特点是弹头改成了长杆箭，弹头长度至少是其直径 6 倍以上。

成员特征参数

苏联 SPP-1 水下手枪

全枪重：1kg

枪弹：弹头直径 4.5mm，其长度 152mm。5m 水下深度时的射程 50m，40m 水下射程 5m

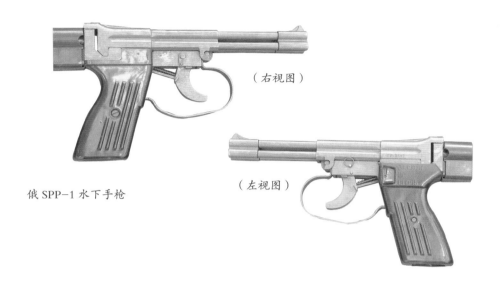

（右视图）

（左视图）

俄 SPP-1 水下手枪

SPP 水中手枪的左侧面和专用
SPS4.5mm 水中枪弹

俄 SPP-1M 水下手枪及 SPS4.5mm 枪弹

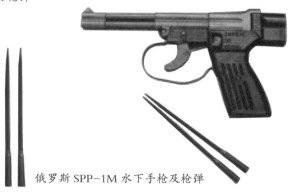

俄罗斯 SPP-1M 水下手枪及枪弹

041 最早的水下自动枪：
苏联 APS 水下步枪 ▶▶

苏联水下步枪 APS，APS 原意为"水下特种枪"（俄文：Автомат подводный специальный——А П С，英文：Avtomat Podvodnyj Spetsialnyj——APS）。中央精密机械研究所 1969 年开始研制，设计者是 CKC 设计师谢尔盖·西蒙诺夫的堂弟符拉基米尔·西蒙诺夫（1935—?）。1972 年定型。图拉轻武器厂小批量生产。大概在 1975 年开始装备苏联海军的战斗潜水员，1992 年 10 月，首次在希腊防务展览会上展出。

APS 水下步枪是世界上第一种水下自动武器，导气式工作原理和枪机旋转闭锁方式都是沿袭 AK47 步枪，只是去掉了击锤，由机框兼顾，机匣等处加了许多进水和放水的孔，滑膛枪管，配用伸缩钢丝枪托，容量 26 发半透明塑料弹匣，开膛待击，单或连发射击。

该枪采用水下杀伤枪弹，枪弹的研制者是费奥尔德·萨布诺夫和奥雷格·拉夫琴科。枪弹是 5.66mm 口径的箭形弹，弹头长 120mm，弹头重 18.5 ~ 20.2g，

成员名片

苏联 APS 水下步枪

弹药：长箭形弹头的枪弹

枪身架构：机匣容装自动机械，枪管固定连接于机匣

闭锁方式：枪机回转

自动原理：导气式

供弹方式：弹匣

待击方式：开膛

性能特点：第一支水下自动枪

弹尖是 1.5mm² 的平台，此微小平台有利于在水中保持方向和由空中射入水中时不跳弹。弹壳是通用的 5.45mm×39mm 弹壳扩大瓶颈部位而成，全弹长 150mm，全弹质量 27.5g，弹壳长 39mm。为了观察射向，还有配套使用的曳光弹，全弹质量 27g，弹头重 18.8g，陆上初速 360m/s，在水下 5m 发射时有效射程为 28m，水下 20m 时为 18m，水下 40m 时为 10m。

成员特征参数

苏联 APS 水下步枪

枪全长：840mm，枪托缩回后 614mm

枪管长：303mm

全枪重：2.4kg，带空弹匣 2.7kg，带弹 26 发弹匣 3.4kg

枪弹：陆上初速 350m/s。有效射程：陆地上 100m，水深 5m 时 30m，水深 20m 时 20m，水深 40m 时 11m。在有效射程内，能在击穿水下普通工作服和 5mm 厚的面罩后，击毙有生力量。水下有效射击寿命达 2000 发，陆地射击寿命仅为 180 发

苏联 APS 水下步枪及弹（枪托收缩）

（枪托伸开）

（枪托收缩）

苏联 APS 水下步枪及弹

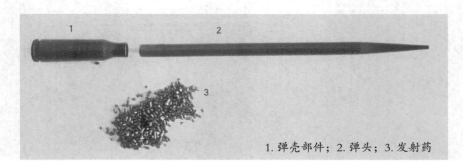

1. 弹壳部件；2. 弹头；3. 发射药

苏联 MPS 5.66mm 水下枪弹的分解

144

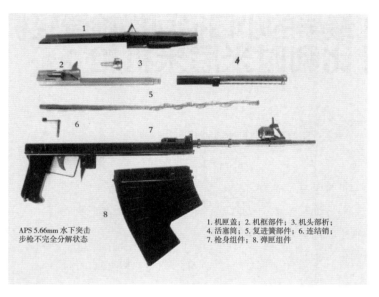

APS 5.66mm 水下突击
步枪不完全分解状态

1. 机匣盖；2. 机框部件；3. 机头部析；
4. 活塞筒；5. 复进簧部件；6. 连结销；
7. 枪身组件；8. 弹匣组件

苏联 APS 水下步枪分解

苏联水下步枪射击

042 最早的小口径可换枪管轻机枪：
比利时米尼米机枪 ▶▶

成员名片

比利时米尼米机枪

弹药：常规小口径枪弹

枪身架构：机匣容装自动机械，枪管与机匣快速更换连接

闭锁方式：机头回转

自动原理：导气式

供弹方式：弹链／弹匣

输弹方式：机框往复通过曲线槽拨动滑板，弹链输弹

待击方式：开膛

性能特点：第一挺小口径可换枪管轻机枪

1967 年，比利时 FN 公司研制定型 5.56mm CAL 步枪后，1974 年继续研制了 5.56mm 口径的班用轻机枪。与 7.62mm 口径的轻机枪相比，在相同的负荷条件下，士兵能携带多一倍的弹药。获得比利时、加拿大、意大利和澳大利亚等 20 多个国装备使用。

活塞式导气自动原理，枪管与机匣快速更换连接（只需 8 秒），枪管导出气量有正常使用／加大气量／关闭气孔的三档位置调节，枪机框定型导槽迫使机头回转闭锁，钢板冲压机匣，开膛待击，单元化发射机构，早期有 2 ～ 6 发可控点射功能，枪托可卸适合车装改型；供弹机构具有鲜明的双路进弹特色，通常使用 200 发弹链，随时应急也可用步枪的 20/30 发弹匣供弹，无需任何更换性操作。该枪有 3 种类型，标准型配固定枪托；伞兵型为金属折叠枪托；车装型为无托结构。还有韩国 K3 型 5.56mm 轻机枪等。

比利时 5.56m 尼米轻机枪

比利时 5.56m 尼米轻机枪分解

成员特征参数

比利时米尼米机枪

枪全长：固定枪托 1040mm，枪托折叠 755mm

枪管长：标准型 465mm

全枪重：不含供弹具时 6.85kg

枪弹：5.56mm×45mm 枪弹，使用 M193 式 5.56mm 枪弹，初速为
965m/s，使用 SSl09 式 5.56mm 枪弹，初速为 915m/s，理论射
速 750 ~ 1000 发/分

043 最早的无托结构步枪：法军 MAS 步枪 ▶▶

19 67 年法国陆军参谋部确定新式步枪战技指标 12 条，1970 年 8 月，经过对现有 9mm×19mm、5.56mm×45mm、7.62mm×39mm 和 7.62mm×51mm 4 种枪弹分析，法军明确采用 5.56mm×45mmM193 枪弹。1971 年圣艾蒂安厂接受法军新步枪的研制任务，当年交出 10 支样枪。主设计师保罗·泰利（Paul Tellier，1939—？），1977 年 7 月法军决定列装，命名为 5.56mm FA MAS 步枪（FA——为法文 fusil automatique 自动步枪，MAS——为圣艾蒂安厂）。1982 年产出 148000 支，1985 年法军收到 20 万支；从 1984 年开始外贸到吉布提、加蓬、黎巴嫩等国。

该枪为半自由枪机自动原理，延迟杠杆式闭锁机构；总体布局采用无托结构，将通常的枪托长度安排到与机匣长度重叠，大为缩短枪全长度，成为当时世界上最短的步枪；首次大量使用工程塑料，大提把和整体外壳都由塑料制成，加上铝合金的机匣等措施，全枪重减轻，方便了部队的防锈保养；3 点射机构，弹膛开槽，开膛待击，抛壳方向可左可右选择；枪口外径

成员名片

法军 MAS 步枪

弹药：**小口径常规步枪弹**

枪身架构：**枪管机匣连成一体，外包塑料壳体**

闭锁方式：**杠杆延迟的枪机惯性**

自动原理：**半自由枪机式**

供弹方式：**弹匣**

待击方式：**击针式闭膛待击**

性能特点：**无托结构步枪首先得到列装**

成员特征参数

法军 MAS 步枪

枪全长：757mm

枪管长：488mm

全枪重：不含弹匣、含背带和两脚架 3.61kg

弹匣容弹量：25 发

枪弹：5.56mm×45mm 枪弹，初速 960m/s（M193 弹）

22mm 能发射各种枪榴弹，折叠两脚架，准星照门有夜光剂。

中国军人射击体会，它的点射精度优于 AUG 步枪、HK33 步枪和 FNC 步枪。

法国 MAS 步枪

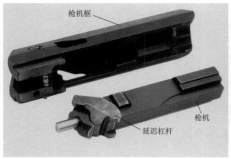

法国 MAS 步枪的枪机（FAMS 突击枪的枪机采用延迟杠杆实现闭锁功能）

法国 5.56MM 步枪分解

044 最早的常态使用瞄准镜无托步枪：奥地利 AUG 步枪 ▶▶

19 70 年奥地利斯太尔（Steyr）公司与斯瓦洛夫斯基（Swarovski）光学公司合作，研制奥地利陆军通用步枪（Armee Universal Gewehr AUG），1977 年底奥地利军队决定列装，命名为 StG77 步枪，次年开始生产。

成员名片

奥地利 AUG 步枪

弹药： 中间型常规枪弹

枪身架构： 无托结构，枪管机匣连成一体，外包塑料壳体

闭锁方式： 枪机回转

自动原理： 导气式

供弹方式： 塑料弹匣

待击方式： 闭膛待击

性能特点： 光学瞄准镜常态化使用，无托结构和大量使用工程塑料

成员特征参数

奥地利 AUG 步枪

枪全长：790mm

枪管长：508mm

全枪重：3.6kg

枪弹：5.56mm×45mm 枪弹，初速 970m/s（M193 弹）

由于适合狭小空间灵便使用，受到许多国家的警察和其他强力部门的喜爱。曾出口到澳大利亚、新西兰、阿曼、突尼斯、也门、沙特阿拉伯、马来西亚等 30 多个国家。在无托结构的步枪中，它的市场业绩已经超过先行的法国 MAS 步枪。

该枪采用了无托结构的总体安排，大量采用工程塑料制造，用固定式的光学瞄准镜作为常态化使用的突击步枪。利用本来枪托占用的空间容纳机匣，在使用长达 508mm 的枪管情况下枪全长仅有 790mm，枪全长大为缩短，增强了步枪的机动性；机匣、枪托、弹匣、发射机构等多数零件改用塑料后，重量轻，韧性好，抗潮湿，不锈蚀，易保养，面貌一新，方便了使用。再就是随时都可快速更换长度不同的枪管，满足各方需要。它是世界上第一个将准星照门作为备份，把光学瞄准镜固定在枪上常态使用的步枪，简化了训练，提高了射击精度。

中国军人射击体会，它的单发射击精度优于 HK33 步枪、MAS 步枪和 FNC 步枪。

奥地利 AUG 步枪

奥地利 AUG 步枪（右视图）

奥地利 AUG 步枪剖面图

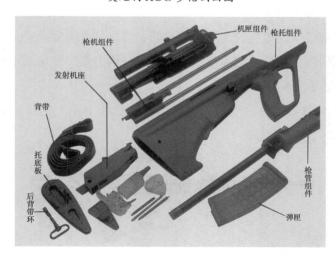

奥地利 AUG 步枪分解

045 最早大量使用工程塑料的手枪：奥地利 M80/ 格洛克 17 手枪 ▶▶

要说世界上第一支采用塑料握把座的手枪，应是德国的 HK VP70 9mm 手枪。在第二次世界大战末期，德国人阿雷克斯·扎德尔应当局结构简单提高生产效率的要求设计出的一种手枪。30 年后的 1974 年，他再次改进在 HK 公司造出样品，命名为 VP70 手枪，寓意 20 世纪 70 年代手枪。它虽是"塑料手枪"第一，生产 3230 把后就被停产，原因是发射 9×19mm 手弹采用自由枪机式原理，使得功能可靠性与操作轻便的矛盾难于调和。

奥地利格洛克（Glock）公司于 20 世纪 70 年代末推出"格洛克 17"手枪，采用了管退式原理，闭锁沿用比利时 M1935 枪管尾短上下摆动方式。关键件采用塑料多，整体应用比例大，荣获世界上第一支"塑料枪"美称。全枪零部件共有 40 个，其中握把座等 16 个为工程塑料件，占零部件总数的 40%，使得手枪面貌为之一新。采用塑料主要是尼龙 66 和聚甲醛类，简便了工艺，减轻了重量，耐锈蚀性好，擦拭维护简便。并且为了应急射击，该

成员名片

奥地利 M80/ 格洛克 17 手枪

弹药：常规手枪弹

枪身架构：在握把座上，枪管短距离浮动，套筒长距离浮动

闭锁方式：枪管尾端上下摆动

自动原理：枪管后坐式

供弹方式：弹匣

首弹上膛：套筒复进

发火方式：击针式

性能特点：首次大量使用工程塑料的手枪

枪还取消了手动保险，安全问题交给了扳机、击针、不到位和防偶发的四种
自动保险。1980 年奥地利军队认可，1983 装备，命名为 M80 手枪。同时以
格洛克 17 手枪之名投放国际市场，得到 100 多个国家订货。

成员特征参数

奥地利 M80/ 格洛克 17 手枪

枪全长：188mm

枪管长：114mm

全枪重：620g，满匣时 900g

弹匣容弹量：17 发

枪弹：9mm 巴拉贝鲁姆弹

奥地利格洛克17手枪内部结构

奥地利格洛克17手枪局部剖视

最早的大口径狙击步枪：美国巴雷特 M82 大口径狙击步枪 ▶▶

历史上的反坦克枪由于坦克的抗弹能力增强被迫迅速退出战场。20 世纪末的战场上，班用枪械小口径化后对步枪射程外支援火力的需要呼声增高，为避免遭到迅速反击而要求支援火力并"打了就撤"的快速性，同时又要求远程打击火力的伴带损伤比面杀伤武器减小，将原来反坦克枪形式的武器精度提高成为了必由之路。美国一位摄影师出身的郎尼·巴雷特（Ronnie Barrett，1954—？）创办公司，将狙击步枪的用弹从中口径步枪弹提升到 12.7mm 大口径枪弹，推出了 12.7mm 巴雷特 M82 狙击步枪。开始，这种民间业余性质的新品种向美军推销，未得重视，但吸取了军人的意见，于 1986 改进成 M82A1。1990 年 10 月，海军陆战队决定试用采购。90 天完成 100 支合同，参加 1991 年初的海湾战争，恰好解决了中口径狙击步枪在沙漠地域射程不足难题，再购 300 余支用来对付雷达、飞机、指挥车辆等高价值目标。1991 年 2 月 24—25 海军陆战队海湾战争中在 1600 距离上用 API 弹击中伊拉克 3 辆 BMP-1 战车发动机。前线反映良好，称它为"城市作战中

（成员名片）

美国巴雷特 M82 大口径狙击步枪

弹药：常规大口径枪弹

枪身架构：枪管与机匣固定连接

闭锁方式：枪机回转

供弹方式：盒式弹仓

输弹方式：手动枪机推送

性能特点：第一支大口径狙击步枪

最适合的武器"，使精度大为提高的昔日反坦克枪来了一个闪亮登场，一炮走红，到 2002 年就有 35 个国家采购。巴雷特大口径狙击步枪引发了 20 世纪末开始的各国装备大口径狙击步枪的热潮。

M82A1 狙击步枪发射 12.7mm × 99mm 枪弹，采用枪管后坐式自动原理，三突笋机头回转闭锁，全枪重 12.9kg，全长 1448mm，枪管长 737mm，1210 发弹匣供弹。

美国巴雷特 12.7mm M82 狙击步枪

美国缩短型 12.7mm 巴雷特 M82CQ 狙击步枪

美国巴雷特 82 狙击步枪

美国巴雷特 M99 无托结构的 12.7mm 狙击步枪